■ Q 版建筑

U0386380

Q 版建筑 ■

■ Q 版建筑

Q 版建筑 ■

■ 大树

单体建筑 ■

■ 复合建筑

花草 ■

室内场景

室内场景 2

桃花树

野外场景

关隘场景

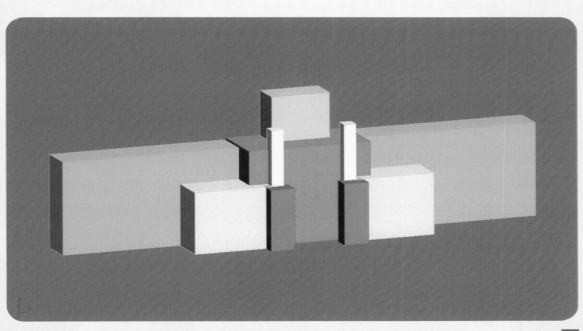

搭建框架结构

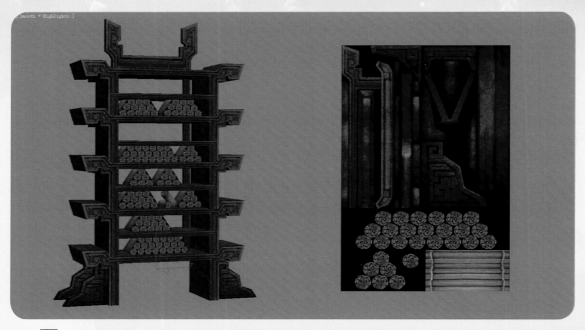

■ 书架模型及贴图

场景装饰道具模型贴图效果 ■

■ 添加体积光效果

室内场景在视图中的最终完成效果 ■

■ 大树

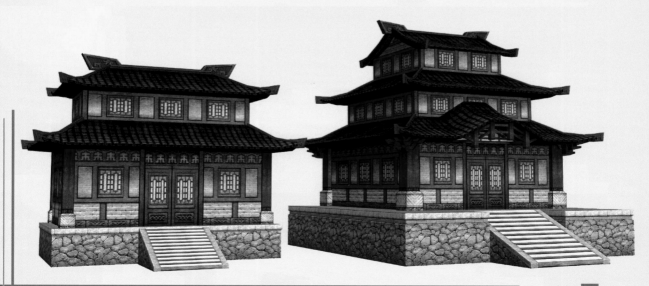

单体建筑 ■

■ 复合建筑

花草 ■

室内场景

室内场景 2

■ 桃花树

野外场景 ■

关隘场景

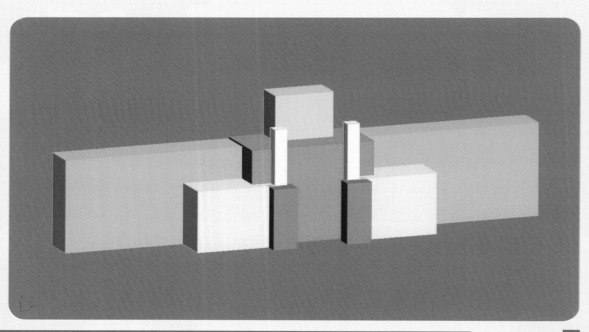

搭建框架结构

■ 书架模型及贴图

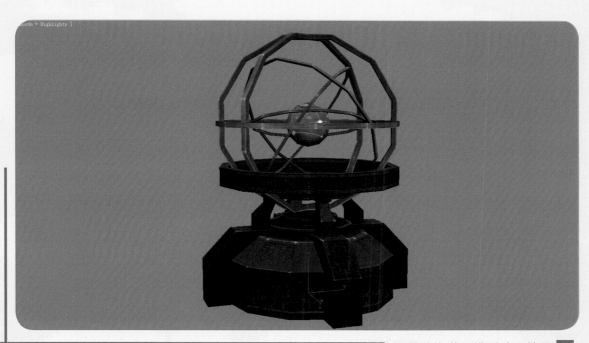

场景装饰道具模型贴图效果 ■

添加体积光效果

室内场景在视图中的最终完成效果

网络游戏场景设计
与制作实战

李瑞森　张卫亮　王星儒　编著

电子工业出版社.
Publishing House of Electronics Industry
北京·BEIJING

内 容 简 介

本书是一本系统讲解 3D 网络游戏场景制作的专业图书，内容主要分为概论、软件基础操作和实例制作讲解三大部分。概论主要讲解 3D 网络游戏场景设计的基础知识；软件基础操作主要讲解 3ds Max 软件在游戏制作中的基本操作流程、规范、技巧以及常用游戏制作插件的高级应用技巧；实例制作讲解通过各种典型的网络游戏场景项目案例让读者掌握网络游戏场景的基本制作流程和方法。

本书既可作为初学者学习 3D 游戏制作的入门基础教材，也可作为高校动漫游戏设计专业或培训机构的教学用书。

图书在版编目（CIP）数据

网络游戏场景设计与制作实战 / 李瑞森，张卫亮，王星儒编著. —北京：电子工业出版社，2015.10
ISBN 978-7-121-27117-5

Ⅰ.①网… Ⅱ.①李… ②张… ③王… Ⅲ.①三维动画软件—游戏程序—程序设计 Ⅳ.①TP391.41

中国版本图书馆 CIP 数据核字（2015）第 215097 号

策划编辑：张　迪
责任编辑：周宏敏
印　　刷：北京虎彩文化传播有限公司
装　　订：北京虎彩文化传播有限公司
出版发行：电子工业出版社
　　　　　北京市海淀区万寿路 173 信箱　邮编　100036
开　　本：787×1 092　1/16　印张：17.25　字数：455 千字　彩插 3
版　　次：2015 年 10 月第 1 版
印　　次：2021 年 8 月第 11 次印刷
定　　价：59.00 元（含光盘 1 张）

凡所购买电子工业出版社图书有缺损问题，请向购买书店调换。若书店售缺，请与本社发行部联系，联系及邮购电话：（010）88254888。

质量投诉请发邮件至 zlts@phei.com.cn，盗版侵权举报请发邮件至 dbqq@phei.com.cn。

服务热线：（010）88258888。

前言

PREFACE

从世界上第一款电子游戏的诞生到如今飞速发展的网络游戏，虚拟游戏经历了几十年的发展变革，无论是在硬件技术还是软件制作方面都有了翻天覆地的变化，虚拟游戏现在已经发展为包括十几个类型在内的跨平台数字艺术形式，被誉为人类文化中的"第九艺术"。与其他艺术相比，虚拟游戏最大的特色就是给用户带来了前所未有的虚拟现实感官体验，它比绘画更加立体，比影像更加真实，再配以音乐声效的辅助，使人仿佛置身于一个完全真实的虚拟世界当中。

早期的游戏制作通常都是由个人或者几个人一起完成的，游戏设计师需要掌握编程、美术、设计等多方面的能力。而随着世界游戏产业化发展和市场化进程，如今的游戏制作领域已不再是仅仅数人就可以完成的"兴趣制作"，取而代之的是团队化的制作管理体系，游戏制作公司需要的是拥有各自专业特长和技术的设计人员，他们就像精密仪器上的微型元件，每个人都在自己的位置上发挥着不可取代的作用。所以，定向培养属于自己的专属技能成为如今游戏培训和技能学习的重要内容。

本书以"一线实战"为核心主旨，专门讲解当前一线游戏制作公司对于实际研发项目的行业设计标准和专业制作技巧，同时选取 3D 网络游戏场景制作作为主题和讲解方向，是一本系统专业的游戏设计图书。本书在整体框架和内容上主要分为概论、软件基础操作和实例制作讲解三大部分。书中讲解了大量一线游戏制作实际项目案例，内容由浅入深、循序渐进，同时配以大量形象具体的制作截图，使读者的学习过程变得更加直观、便捷。

本书既可作为高校动漫游戏设计专业或培训机构的教学用书，也可作为初学者入门3D 游戏制作的基础教材。对于刚刚入门游戏制作领域的读者，通过本书可以了解目前最为先进与前沿的游戏制作技术；对于有一定基础的读者，更能起到深入引导和晋级提升的作用。为了帮助读者更好地学习，在随书光盘中包含了所有实例制作的项目源文件，同时还附有大量图片和视频资料以供学习参考。本书由李瑞森、张卫亮、王星儒编著，参加编写的还有李英明、王志刚、李承辉、段政、张忠芳、王娜、王斐凯、李洪琪、李瑞婷。

由于编者水平有限，书中疏漏之处在所难免，恳请广大读者提出宝贵意见。

李瑞森

目 录
CONTENTS

CHAPTER

1

网络游戏场景设计概论

1.1　网络游戏场景的概念与类型

游戏场景是指在游戏作品中除角色以外的周围一切空间、环境、物件的集合。就如同话剧表演中演员的舞台、竞赛中选手的赛场及动画片中角色的背景，游戏场景在整个游戏作品中起到了十分重要的作用，对于舞台、赛场和背景来说，游戏场景的作用更有过之而无不及。在虚拟的游戏世界中，制作细腻精致的游戏场景不仅可以提升游戏整体的视觉效果，让游戏在第一时间抓住玩家的眼球，将玩家快速带入游戏设定的情景当中，同时优秀的游戏场景设计还可以传递出制作者所想表达的游戏内涵和游戏文化，提升游戏整体的艺术层次。

早期的游戏作品只是定位于人机交互的一种娱乐方式。所谓人机交互，即游戏操作者与电脑之间的互动关系。作为一种新型事物，早期的电脑游戏仅仅依靠人机互动的模式就足以让人们深深沉浸其中，享受电子虚拟世界带来的乐趣。但随着科技的发展和时代的进步，这种单一的游戏模式逐渐让人厌倦，无论是什么类型的游戏，无论 AI（人工智能）系统设计得多么高级，即使像沙盘游戏这样极高自由度的设定，在若干次的游戏后，人们总会感到固定程序模式带来的一种束缚感。要想解决这个问题的唯一出路就是通过网络化来实现，20 世纪 90 年代随着 Internet（因特网）的出现，不同的电脑主机可以通过网络进行相互连接，在这种思路的引领下网络游戏开始出现，游戏也从此进入了一个全新的时代。

1997 年，美国 Origin 公司制作出了世界上第一款图形化网络游戏 Ultima Online（中文译名为《网络创世纪》，简称 UO）（见图 1-1）。从此，电脑游戏进入了全新的网络化时代，网游逐渐走入游戏玩家的视野，并以其独特的魅力在短短几年内发展为世界游戏的主流方向。高自由度是网络游戏的最大特色，网络游戏所营造的虚拟世界让人们摆脱了过去传统的人机交互的单一游戏模式。例如，在 UO 的世界里可以让数千人同时在线互动，游戏提供一个广大的世界供玩家探索，包括各大城镇、森林、地下城等地区。在游戏中并无明确的目标，最主要的是看玩家自己想做什么，就去做什么。在游戏中还提供了丰富的职业让玩家选择，包括木匠、铁匠、裁缝、剑士、弓手、魔法师、巫师、医生等。除此以外，在 UO 的世界里还独具匠心地设计了基于基督教义和骑士精神的几大美德，包括谦卑、正直、怜悯、英勇、公正、牺牲和荣誉。

正是由于 UO 的出色设计与网络化概论，真正意义上的网络游戏开始逐渐进入人们的视野。网络游戏与传统单机游戏相比，其最大特点是更像一个平台，允许大量的游戏玩家通过这个平台进行互动、对战与协作，游戏开发者需要制作出一个开放、客观和接近真实的虚拟世界，这种虚拟世界构架的基础与直观展现就是网络游戏的场景。网络游戏场景是游戏作品中的客观空间的集合，游戏制作者将一切视觉美术元素通过这个空间进行展现，包括场景建筑、场景道具元素、花草植物、山石水系以及各种动画特效等，网络游戏场景为游戏玩家搭建出了一个可以根据自己的意志进行各种自由游戏行为的空间基础和客观世界。

图 1-1 《网络创世纪》的游戏画面

在网络游戏中，玩家通常会以第一人称出现在虚拟世界中，游戏中操控的角色就代表了玩家自己，这时的游戏场景往往会成为玩家视野中的主体对象，玩家首先看到的是游戏场景所构成的虚拟空间，其次才是在这个空间中的其他玩家和角色。在三维游戏时代的今天我们很难想象如果一款游戏没有优秀的场景设计，它将如何吸引玩家，如何抓住市场。所以从这个角度来看，网络游戏场景设计与制作在游戏项目研发制作中是至关重要的环节，甚至超越游戏角色设计成为游戏美术制作中开启成功之门的关键。同时，网络游戏场景对于交代游戏世界观、体现游戏美术风格、烘托游戏氛围等方面也起到了决定性作用。

在 UO（也就是图形化网络游戏）出现之前，如果按照网络游戏的概念进行追溯，最早的网络游戏应该出现在 20 世纪 80 年代，当时有一种流行的文字类游戏，叫做 Multiple User Dialogue（多用户对话），简称 MUD（泥巴）。MUD 是基于文本的虚拟世界，界面主要都是以 ASCII 字符为主的文本和 ASCII 字符组成的简单图形，它们没有浮华的图形和声音，只有文本在屏幕上滚动（见图 1-2）。在 MUD 世界中的一切活动都是通过键盘输入的方式进行的，包括用文本引发对象的动作、用文本交谈、用文本表达感情、表示情绪、用文本交流思想等。如果用今天的眼光来看，当时的 MUD 游戏并不存在真正意义上的游戏场景，但实际上如果仔细分析，就会发现 MUD 游戏仍然存在游戏场景，那就是通过语言描述所构架的存在于人们脑海中想象的虚拟世界。

之后随着《网络创世纪》游戏的出现，具有具象游戏画面的图形类网游真正开始发展起来。自 1997 年以来，UO 在全球的北美、欧洲、大洋洲、东亚、拉美等都架设有服务器，这在当时的游戏史上是从来没有过的，可以说 UO 是第一个"全球化"的网络游戏。从 UO 到现在，网络游戏经历了十几年的发展，从最初单一固定化的模式发展为今天形式多样的消费级产品，更发展成了庞大的商业产业，网络游戏的发展变迁也是时代和科技进化的产物。

从早期的 MUD 到 UO，网络游戏从抽象发展到具象的 2D 图形化界面，再发展为如今全 3D 的画面效果，网络游戏的视觉效果在不断进化与变革。而游戏场景作为网络游戏的重要构成部分，自然因为不同类型的游戏而有所区分，下面我们将从不同的方面和角度来讲解当下主流的网络游戏场景的分类。

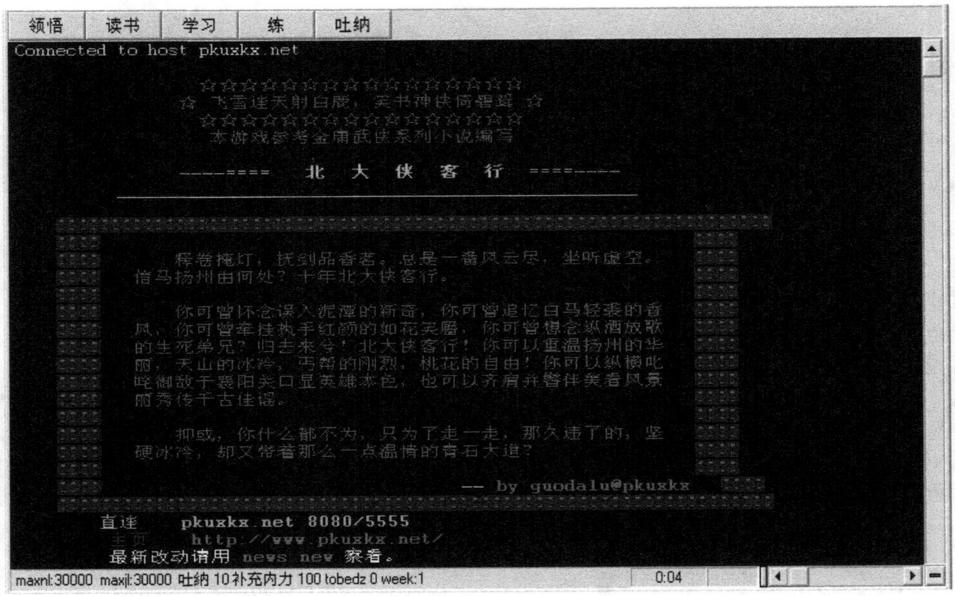

图 1-2　MUD 游戏《侠客行》

1.1.1　2D 网游场景

　　早期的游戏由于受到技术的限制，游戏画面大多为平面视角的 2D 图像，从最早期的像素画面发展到后来日益精细的 2D 画面，在 3D 图像技术出现以后，2D 图像风格仍然在继续使用，2D 与 3D 并不是发展的递进关系，而是可以共存的不同风格。即使发展到今天，面对 3D 游戏引擎所带来的强大视觉效果，2D 画面的游戏仍然层出不穷，深受玩家的喜爱。

　　与标榜高度真实的 3D 游戏画面相比，2D 游戏的画面风格更加多样性，可以赋予更多的艺术表现手法，比如卡通风格、水墨风格等。2D 游戏中的美术元素通常都是利用绘制来完成的，它更像是绘画美术作品，而 3D 画面则更像是一种照片表现形式。

　　对具体游戏场景来说，2D 游戏场景是指游戏中利用平面图片制作游戏场景效果，画面的视角为固定模式，通常采用平视或者俯视的视觉效果，早期的网络游戏场景基本都是 2D 场景。细分来说，2D 网络游戏场景可以分为：卷轴类场景、俯视角 2D 场景以及 2.5D 场景三大类。

　　卷轴类场景又分为横版与纵版两种画面形式，这是由早期街机游戏发展而来的一种画面场景风格，多见于动作格斗类与飞行射击类游戏。横版卷轴场景就是画面视角固定在游戏中角色的正侧面，游戏场景跟随角色前后移动进行滚动，游戏角色的移动方式类似于中国传统的皮影戏，只能进行前后 180° 的转向。育碧公司出品的经典动作类游戏《雷曼》就采用了这种画面形式，如图 1-3 所示。

　　纵版卷轴场景就是将游戏视角锁定在游戏中操控角色的顶部，场景画面跟随游戏角色自下而上进行滚动，通常来说纵版卷轴场景只能不断向前移动，而无法返回之前的画面，这也是纵版卷轴场景与俯视角 2D 场景最大的区别。采用纵版卷轴画面的游戏多为飞行射击类游戏，图 1-4 所示的经典飞行射击游戏《雷电》就采用了这种场景画面形式。

图 1-3   《雷曼》所采用的横版卷轴类场景画面

图 1-4   《雷电》的纵版卷轴场景画面

　　随着 RPG（角色扮演）游戏的发展和盛行，早期的卷轴类画面无法满足游戏的需求，于是俯视角 2D 以及 2.5D 场景画面开始出现，并且一直沿用到今天，这也是当下最为主流的 2D 画面形式。俯视角 2D 场景与纵版卷轴场景画面基本相同，最大的区别就是在俯视角 2D 场景中游戏角色可以自由移动，不会收到场景滚动的限制。

　　2.5D 场景又称为仿 3D 场景，是指玩家视角与游戏场景成一定角度的固定画面，通常为倾斜 45°视角。2.5D 场景并不仅仅是视角的不同，它与 2D 场景最大的区别是，2.5D 场景中的美术元素多为 3D 模型制作，之后将制作的模型渲染导出为 2D 图片，所以 2.5D 场景画面效果要比传统的 2D 场景精致得多。同时因为介于 2D 与 3D 之间，所以将其称为 2.5D 画面（见图 1-5），早期大多数 MMORPG 游戏以及网页游戏大多为 2.5D 场景画面。

图 1-5　2.5D 场景画面

　　即使在 3D 技术大行其道的今天，2D 和 2.5D 画面类型的网络游戏仍然占有大量的市场份额。例如，韩国 NEOPLE 公司研发的著名网游《地下城与勇士》（DNF）就是传统横版卷轴画面的 2D 游戏，而国内在线人数最多的网游排行前十位中有一半都是 2D 或者 2.5D 画面的游戏。

1.1.2　3D 网游场景

　　3D 场景是指由三维软件制作出的游戏场景画面，这也是现在网络游戏常用的画面类型，相对于 2D 和 2.5D 场景来说，3D 画面场景给游戏玩家更加逼真的视觉效果和真实的临场体验（见图 1-6）。

图 1-6　高度真实的 3D 游戏场景画面

2D 游戏场景与 3D 游戏场景区分的依据并不是游戏画面的视角，而是游戏所采用的制作方式。2D 游戏场景中的所有美术元素一般是通过二维软件绘制出来的，2.5D 游戏中的美术元素虽然前期是通过 3D 软件来进行制作，但后期也都要通过平面软件来进行修图。3D 游戏场景中所有的美术元素都是通过三维制作软件进行的建模制作，虽然后期需要利用二维软件来进行贴图的绘制，但整体来说 3D 游戏的制作原理和流程是与 2D 游戏截然不同的。

当下 3D 网络游戏场景画面又可根据其视角的不同细分为：固定视角、半锁定视角以及全 3D 等不同的场景画面类型。固定视角 3D 场景画面是指游戏中所有美术元素都为3D 模型制作并通过游戏引擎即时渲染显示，但游戏中玩家所观看的场景以及角色的视角是被固定的，通常为有一定倾斜角度的俯视图，玩家只能操控游戏中的角色进行移动，无法调整和控制视角的变化。固定视角 3D 场景画面与 2.5D 场景画面十分相似，图 1-7为采用此种画面类型的网游《暗黑破坏神3》。

图 1-7　固定视角 3D 网游《暗黑破坏神3》

半锁定视角是指玩家在游戏中可以在平面范围内进行视角的调整和转动。众所周知，在三维空间中包含 X、Y、Z 三个维度轴，半锁定视角就是只允许在其中两个维度所构成的平面内进行视角的变化，通常半锁定视角 3D 游戏也是采用有一定倾斜角度的俯视图场景画面。固定视角和半锁定视角游戏都是完全按照 3D 游戏的制作流程和标准来制作的，采用这种场景视图画面的优点是：可以减少游戏资源对于硬件的负载，降低游戏需求的硬件配置标准，同时有限的视角范围可以更加深入地细化场景的细节，提高游戏画面的整体视觉效果。

除了以上两种 3D 场景画面以外，现在绝大多数 3D 游戏都会采用全 3D 的视角模式。所谓全 3D 视角就是在游戏中玩家可以随意对视图进行调整和旋转，查看游戏场景中各个方位的画面。相对于固定视角和半锁定视角，全 3D 最大的不同就是玩家可以将控制的视野范围拉升，看到远景和天空等（见图 1-8）。由于玩家的视野范围从平面维度扩大到了 X、Y、Z 三维范围，从而使得游戏的制作要求和难度也大大提高，在模型制作的时候要充分考虑到各个视角的美观和合理性，保证 360° 全范围无死角。对于游戏玩家来说，全 3D 的游戏场景视图模式可以更加直观地感受游戏虚拟世界的魅力和真实感，增强虚拟现实的体验性。随着 3D 游戏引擎技术的迅速发展，全 3D 视角游戏的制作水平也在日益提高，现在已经成为 3D 游戏的主流发展趋势。

图 1-8　全 3D 的视角效果

　　从游戏场景制作的角度，我们把 3D 网络游戏场景又分为建筑场景、室内场景和野外场景。建筑场景是指游戏中以建筑物为对象的场景，包括各类单体建筑、复合建筑、城市街道以及各种场景道具等（见图 1-9）。室内场景是指游戏中建筑或者空间的内部环境场景，包括建筑室内场景、洞穴场景、地宫场景等（见图 1-10）。野外场景是相对室内场景而言的，是指一切暴露在室外的空间场景，野外场景中也可以包含建筑和室内场景，但这里所定义的野外更多的是指山石草木、溪水瀑布等自然环境场景（见图 1-11）。

图 1-9　建筑场景

　　不同类型的游戏场景在制作的方法和侧重点上也有所不同，建筑场景是以制作建筑模型为主，注重整体大效果的展现；室内场景则是以制作室内结构和小物件模型为主，通过场景中道具的摆布以及灯光、特效等展现局部环境的氛围；野外场景则是以制作自然环境为主，通过地形、山水、石木等自然元素来构成整体的大地图场景。从制作的难度来划分，从高到低依次为建筑场景、室内场景、野外场景。建筑场景需要游戏美术设计师良好的模型构建基础，室内场景则在此基础上还需要结构和整体氛围的营造能力，而野外场景除前两者以外还需要对自然生态具有整体把握。

图 1-10　室内场景

图 1-11　野外场景

1.1.3　Q 版场景

　　Q 版是从英文 Cute 一词演化而来，意思为可爱、招人喜欢、萌，西方国家也经常用 Q 来形容可爱的事物。我们现在常见的 Q 版就是在这种思想下创造出来的一种设计理念，Q 版化的物体一定要符合可爱和萌的定义，这种设计思维在动漫和游戏领域尤为常见。

　　网络游戏场景从画面风格上可以分为写实和卡通，写实风格主要指游戏中的场景、建筑和角色的设计制作符合现实中人们的常规审美，而卡通风格就是我们所说的 Q 版风格。Q 版风格通常是将游戏中建筑、角色和道具的比例进行卡通艺术化的夸张处理。例如，Q 版的角色都是 4 头身、3 头身甚至 2 头身的比例，Q 版建筑通常为倒三角形或者倒梯形的设计（见图1-12）。

图1-12　Q版游戏场景

如今有大量的网络游戏都被设计为Q版风格，其卡通可爱的特点能够迅速吸引众多玩家，风靡市场。最早一批进入国内的日韩网络游戏大多都是Q版类型的，诸如早期的《石器时代》、《魔力宝贝》、《RO》等，它们的成功开创了Q版游戏的先河，之后Q版网游更是发展为一种专门的游戏类型。由于Q版游戏中角色形象设计可爱、整体画面风格亮丽多彩，在市场中拥有广泛的用户群体，尤其受女性用户喜爱，成为网游中不可或缺的重要类型。

1.1.4　沙盒场景

在网络游戏诞生以前，早期的单机游戏一般都是线性的游戏流程。游戏制作者会为玩家设计各种游戏任务，通常玩家需要按照游戏剧情的设置，一步一步攻克游戏中的关卡和任务。这种千篇一律的模式使得玩家在玩过大量游戏后产生厌倦感，玩家想要在固有的设计模式下获得更多的自由性，正是这种自由性的需求催生了沙盒游戏的出现。

沙盒游戏，英文名为Sandbox Games，是一种单机游戏的类型，游戏的核心理念是高自由度和开放度的场景和游戏设计，游戏通常为非线性，并不强迫玩家完成特定目标，玩家可以扮演游戏中的角色，在游戏里与多种场景环境与角色进行互动。著名的沙盒游戏包括《侠盗飞车》系列、《辐射》系列和《上古卷轴》系列等。

1997年，BioWare公司出品的《辐射》就是最早的沙盒游戏。《辐射》最著名的特色就是超高的游戏自由度，玩家在《辐射》的游戏世界里可以做任何自己想做的事。当然，玩家也要为此负责，也就是说玩家在游戏中做的任何事都会影响游戏的进程和角色的成长。除超高的自由度以外，《辐射》还为每个角色都设置了极为复杂的属性和相互之间错综复杂的关系，使这款游戏极难上手，只有狂热的RPG玩家才会沉迷其中，即便如此，《辐射》还是被评为了1997年度最佳RPG游戏。

沙盒类游戏虽然作为单机游戏，但它的出现为日后的网络游戏提供了先行理念与设计基础。从场景设计的角度来看，沙盒游戏最大的特色就是场景的高自由度和开放性，沙盒游戏的场景通常有着严格的连贯性，有些游戏更将游戏场景设计制作成了完整无缝的地图模式，游戏玩家可以在地图的任意场景中自由走动，不受游戏剧情和关卡的限制，这与网络游戏场景的设计制作理念也是完全一致的。对于现在的网络游戏场景来说，虽然并不是所有的游戏场景都采用无缝大地图的设计，但只要地图之间的连贯是完整的，即使在地图切换之间需要 Loading，我们也可以将其看作是沙盒场景（见图 1-13）。

图 1-13　网络游戏中的无缝大地图场景

1.2　游戏场景制作技术的发展

　　游戏美术技术是指在游戏项目研发中对于游戏画面视觉效果的制作技术，属于游戏制作的核心内容。游戏美术技术属于计算机图像技术的范畴，而计算机图像技术发展主要依托于计算机硬件技术的发展。电脑游戏从诞生发展到今天，电脑游戏图像技术分别经历了"像素图像时代"、"精细二维图像时代"和"三维图像时代"三大阶段，游戏美术技术也遵循这个规律经历了由"程序绘图时代"到"软件绘图时代"再到"游戏引擎时代"的发展线路。

　　在电脑游戏发展初期，由于受计算机硬件的限制，电脑图像技术只能用像素显示图形画面。所谓的"像素"就是用来计算数码影像的一种单位，如同摄影的相片一样，数码影像也具有连续性的浓淡阶调，我们若把影像放大数倍，会发现这些连续色调其实是由许多色彩相近的小方点组成的，这些小方点就是构成影像的最小单位"像素"（见图 1-14）。而"像素"（Pixel）这个英文单词就是由 Picture（图像）和 Element（元素）这两个单词的字母组成的。

　　因为计算机分辨率的限制，当时的像素画面在今天看来或许更像一种意向图形，因为以如今的审美视觉来看这些画面实在很难分辨出它们的外观，更多的只是用这些像素图形来象征一种事物。即便如此，仍然有一系列经典的游戏作品在这个时代诞生，其中包括著名的欧美 RPG《创世纪》系列（见图 1-15）和《巫术》系列，还包括国内玩家最早接触的《警察捉小偷》、《掘金块》、《吃豆子》等电脑游戏，还有经典动作游戏《波斯王子》的前身《决战富士山》。台湾大宇公司轩辕剑系列的创始人蔡明宏也于 1987 年在苹果机平台上制作了自己的首个电脑游戏——《屠龙战记》，这也是最早的中文 RPG 游戏之一。

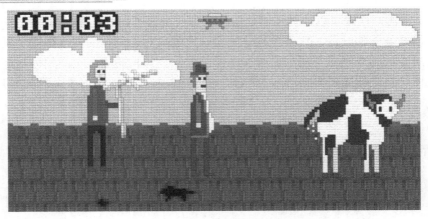

图 1-14　像素图像

图 1-15　《创世纪》一代的游戏启动界面

　　由于技术上的诸多限制，这一时代游戏的显著特点就是在保留完整的游戏核心玩法的前提下，尽量简化其他一切美术元素，这其中就包括游戏场景元素，所以当时游戏中的场景十分简单或者说简陋，甚至有个别游戏直接简化掉了游戏场景，只有游戏互动的主体对象，所以游戏场景美术在这一时期几乎是"灰色"的。但毕竟黑暗是暂时的，光明在发展的脚步下缓缓而来。

　　随着电脑硬件的发展和图像分辨率的提升，这时的游戏图像画面相对之前有了显著的提高，像素图形再也不是大面积色块的意向图形，这时的像素有了更加精细的表现，尽管用当今的眼光我们仍然很难接受这样的图形画面，但在当时看来一个电脑游戏的辉煌时代正在悄然而来。硬件和图像的提升带来的是创意的更好呈现，游戏研发者可以把更多的精力放在游戏规则和游戏内容的实现上，也正是在这个时代不同类型的电脑游戏纷纷出现，并确立了电脑游戏的基本类型，如 ACT（动作游戏）、RPG（角色扮演游戏）、AVG（冒险游戏）、SLG（策略游戏）、RTS（即时战略）等，这些概念和类型定义到今天为止也仍在使用。而这些游戏类型的经典代表作品也都是在这个时代产生的，像 AVG 的典型代表作《猴岛小英雄》、《鬼屋魔影》系列、《神秘岛》系列；ACT 的经典作品《波斯王子》、《决战富士山》、《雷曼》；SLG 的著名游戏《三国志》系列、席德梅尔的《文明》系列（见图 1-16）；RTS 的开始之作 Blizzard 暴雪公司的《魔兽争霸》系列以及后来的 Westwood 公司的《C&C》系列。

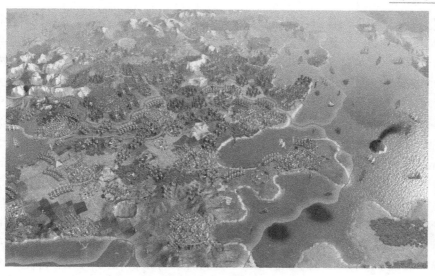

图 1-16　著名的模拟策略类游戏《文明》

　　由于硬件技术的发展使得这一时期的电脑游戏出现了和之前截然相反的特点，那就是在核心玩法的基础上尽可能多地增加美术元素，所以游戏美术技术在这一时期得到了空前的发展，虽然还是采用以像素为主的程序绘图技术，但游戏图像的效果却日趋复杂和华丽。

　　1981 年，美国微软公司的 MS-DOS 操作系统面市，在其垄断 PC 平台的 20 年时间里，使电脑游戏的发展达到了一个新的高度，新类型的游戏层出不穷，游戏获得了比以往更加出色的声光效果。在获得更绚丽的游戏效果的同时，硬件技术也在这种需求中不断更新换代和升级，IBM PC 也从 286 升级到 386 再到后来的 486（见图 1-17），CPU 从 16 位升级到了 32 位，内存方面经过了 FP DRAM→EDO DRAM→SDRAM→RDRAM/DDR-SDRAM 的进化过程，储存介质也从最初的软盘变为了如今还在继续使用的光盘，图像的分辨率也在进一步的提高。

图 1-17　Intel 公司的 486 电脑芯片

　　随着种种的升级与变化，这时的电脑游戏制作流程和技术要求也有了进一步的发展，电脑游戏不再是最初仅仅遵循一个简单的规则去控制像素色块的简单娱乐游戏。随着技术的整体提升，电脑游戏制作要求更为复杂的内容设定，在规则与对象之外甚至需要剧本，这也要求整个游戏需要更多的图像内容来完善其完整性，于是在程序员不堪重负的同时便衍生出了一个全新的职业角色——游戏美术师。对于游戏美术师的定义，通俗地说凡是电脑游戏中所能看到的一切图像元素都属于游戏美术师的工作范畴，其中包括地形、建筑、植物、人物、动物、动画、特效、界面等的制作。随着游戏美术工作量的不断增大，游戏美术又逐渐细分出原画设定、场景制作、角色制作、动画制作、特效制作等不同的工作岗位。

在 Windows 95 操作系统诞生后越来越多的 DOS 游戏陆续推出了 Windows 版本，越来越多的主流电脑游戏公司也相继停止了 DOS 平台下游戏的研发，转而大张旗鼓全力投入对于 Windows 平台下的图像技术和游戏开发。在这个转折时期的代表游戏就是 Blizzard 暴雪公司的《暗黑破坏神》系列，精细的图像、绝美的场景、华丽的游戏特效都归功于 Blizzard 对于微软公司 DirectX API（Application Programming Interface，应用程序接口）技术的应用。

就在这样一场电脑图像继续迅猛发展的大背景中，像素图像技术也在日益进化升级，随着电脑图像分辨率的提升，电脑游戏从最初 DOS 时期极限的 480×320 分辨率，发展到后来 Windows 时期标准化的 640×480，再到后来的 800×600、1024×768 等高精度分辨率。游戏画面效果日趋华丽丰富，同时更多的图像特效技术加入到游戏当中，这时的像素图像已经精细到肉眼很难分辨其图像边缘的像素化细节，最初的大面积像素色块的游戏图像被华丽精细的二维游戏图像所取代，从这时开始游戏图像技术由像素图像进入了精细的二维图像时代（见图 1-18）。

这时游戏制作不再是仅靠程序员就能完成的工作，游戏美术工作量日益庞大，游戏美术的工作分工日益细化，原画设定、场景制作、角色制作、动画制作、特效制作等专业游戏美术岗位相继出现并成为游戏图像开发必不可缺的重要职业。游戏图像从先前的程序绘图时代进入到了软件绘图时代，游戏美术师需要借助专业的二维图像绘制软件，同时利用自己深厚的艺术修养和美术功底来完成游戏图像的绘制工作，以 Coreldraw 为代表的像素图像绘制软件和后来发展成为主流的综合型绘图软件 Photoshop 都逐渐成为主流的游戏图像制作软件。

图 1-18　640×480 分辨率下的 2D 游戏图像效果

1996 年，3dfx 公司创造的 Voodoo 显卡面市，作为 PC 历史上最早的 3D 加速显卡，从它诞生伊始就吸引了全世界的目光，第一款正式支持 Voodoo 显卡的游戏作品就是如今大名鼎鼎的《古墓丽影》，从 1996 年美国 E3 展会上劳拉·克拉馥的迷人曲线吸引了所有玩家的目光开始，绘制这个美丽背影的 Voodoo 3D 图形卡和 3dfx 公司也开始了其传奇的旅途（见图 1-19）。在相继推出 Voodoo2、Banshee 和 Voodoo3 等几个极为经典的产品后，3dfx 站在了 3D 游戏世界的顶峰，所有的 3D 游戏，不管是《极品飞车》还是《古墓丽影》，甚至是 id 公司的《雷神之锤》，无一不对 Voodoo 系列显卡进行优化，全世界都被 Voodoo 的魅力深深吸引，从此 3D 游戏时代正式到来。

图 1-19　劳拉随着游戏图像技术的发展日渐精细

从 Voodoo 的开疆扩土到 NVIDIA 称霸天下，再到如今 NVIDIA、ATI、Intel 的三足鼎立，计算机图形图像技术进入了全新的三维时代，而电脑游戏图像技术也翻开了一个全新的篇章。伴随着 3D 技术的兴起，电脑游戏美术技术经历了程序绘图时代、软件绘图时代，最终迎来了今天的游戏引擎时代。

无论是 2D 游戏还是 3D 游戏，无论是角色扮演游戏、即时策略游戏、冒险解谜游戏或是动作射击游戏，哪怕是一个只有 1MB 的小游戏，都有这样一段起控制作用的代码，这段代码可以笼统地称为"引擎"。当然，或许最初在像素游戏时代，一段简单的程序编码可以被称为引擎，但随着计算机游戏技术的发展，经过不断进化，如今的游戏引擎已经发展为一套由多个子系统共同构成的复杂系统，从建模、动画到光影、粒子特效，从物理系统、碰撞检测到文件管理、网络特性，还有专业的编辑工具和插件，几乎涵盖了开发过程中的所有重要环节，这一切所构成的集合系统才是今天真正意义的"游戏引擎"（见图 1-20）。过去单纯依靠程序、美工的时代已经结束，以游戏引擎为核心的集体合作时代已经到来，这也就是我们所说的游戏引擎时代。

图 1-20　游戏引擎编辑器

1.3 网络游戏项目场景制作流程

　　随着硬件技术和软件技术的发展，电脑游戏和电子游戏的开发设计变得越来越复杂，游戏的制作再也不是以前仅凭借几个人的力量在简陋的地下室里就能完成的工作了，现在的游戏制作领域更加趋于团队化、系统化和复杂化。

　　作为一款游戏产品，立项与策划阶段是整个游戏产品项目开始的第一步，这个阶段大致占了整个项目开发周期 20%的时间。在一个新的游戏项目启动之前，游戏制作人必须要向公司提交一份项目可行性报告书，这份报告在游戏公司管理层集体审核通过后，游戏项目才能正式被确立和启动。

　　当项目可行性报告通过后，游戏项目负责人需要与游戏项目的策划总监以及制作团队中其他的核心研发人员进行"头脑风暴"会议，为游戏整体的初步概念进行设计和策划，其中包括游戏的世界观背景、视觉画面风格、游戏系统和机制等，初步的项目策划文档确立后才正式进入到游戏的制作阶段。游戏项目的制作阶段一般分为前期、中期、后期三个时间段，图 1-21 所示为网络游戏项目研发流程图。

　　在制作前期，游戏项目团队中的企划部、美术部、程序部三个部门同时开工。企划部开始撰写游戏剧本和游戏内容的整体规划。美术部中的游戏原画师开始设定游戏整体的美术风格，三维模型师根据既定的美术风格制作一些基础模型，这些模型大多只是拿来用作前期引擎测试，并不是在以后的真正游戏中大量使用的模型，所以制作细节上并没有太多要求。程序部在制作前期的任务最为繁重，因为他们要进行游戏引擎的研发，或者一般来说在整个项目开始以前他们就已经提前进入到了游戏引擎研发阶段，在这段时间里他们不仅要搭建游戏引擎的主体框架，还要开发许多引擎工具以供日后企划部和美术部所用。

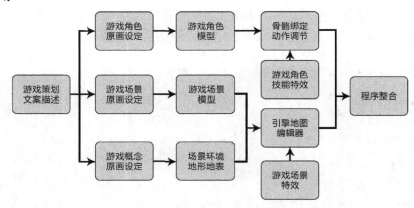

图 1-21　网络游戏项目研发流程

　　到了制作中期，企划部进一步完善游戏剧本，内容企划开始编撰游戏内角色和场景的文字描述文档，包括主角背景设定、不同场景中 NPC 和怪物的文字设定、BOSS 的文字设定、不同场景风格的文字设定等，各种文档要同步传给美术组以供参考使用。

　　美术部在这个阶段要承担大量的制作工作，游戏原画师在接到企划文档后，要根据企划的文字描述开始设计绘制相应的角色和场景原画设定图，然后把这些图片交给三维制作组来制作大量游戏中需要应用的三维模型。同时三维制作组还要尽量配合动画制作组以完成角色动作、技能动画和场景动画的制作，之后美术组要利用程序组提供的引擎工具把制作完成的各种角色和场景模型导入到游戏引擎中。另外，关卡地图编辑师要利用游戏引擎编辑器开始着手各种场景或者关卡地图的编辑绘制工作，而界面美术师也需要在这个阶段开始游戏整体界面的设计绘制工作。由于已经初步完成了整体引擎的设计研发，程序部在这个阶段工作量相对减轻，继续完善游戏引擎和相关程序的编写，同时针对美术部和企划部反馈的问题进行解决。

在制作后期，企划部把已经制作完成的角色模型利用程序提供的引擎工具赋予其相应属性，脚本企划同时要配合程序组进行相关脚本的编写，数值企划则要通过不断的演算测试调整角色属性和技能数据，并不断对其中的数值进行平衡化处理。

美术部中的原画组、模型组、动画组的工作则继续延续制作中期的工作任务，要继续完成相关设计、三维模型及动画的制作，同时要配合关卡地图编辑师进一步完善关卡和地图的编辑工作，并加入大量的场景效果和后期粒子特效，界面美术设计师则继续对游戏界面的细节部分做进一步的完善和修改。

程序部在这个阶段要对已经完成的所有游戏内容进行最后的整合，完成大量人机交互内容的设计制作，同时要不断优化游戏引擎，并要配合另外两个部门完成相关工作，最终制作出游戏的初级测试版本。

通常来说，在项目公司内部游戏产品要分为 Alpha 和 Beta 两个测试版本。Alpha 测试阶段的目标是将以前所有的临时内容全部替换为最终内容，并对整个游戏体验进行最终的调整。随着测试部门问题的反馈和整理，研发团队要及时修改游戏内容，并不断更新游戏的版本序号。如果游戏产品 Alpha 测试基本通过后，就可以转入 Beta 测试阶段了，一般处于 Beta 状态的游戏不会再添加大量新内容，此时的工作重点是对于游戏产品的进一步整合和完善。

如果是网络游戏，之后的封闭测试阶段是必不可少的。封闭测试属于开放性测试，要在网络上招募大量的游戏玩家展开游戏内测。在内测阶段，游戏公司邀请玩家对游戏运行性能、游戏设计、游戏平衡性、游戏 BUG 以及服务器负载等进行多方面测试，以确保游戏正式上市后能顺利进行。内测结束后就可以进入公测阶段，此阶段基本可以看作是准运营状态。

以上就是一款网络游戏项目从诞生到完成的基本流程，下面我们将针对网络游戏的场景部分，讲解其具体的制作流程。

1.3.1 确定场景规模

在游戏企划部门给出基本的策划方案和文字设定后，第一步要做的并不是根据策划方案来进行场景美术的设定工作，在此之前，首要的任务就是先确定场景的大小，这里所说的大小主要指场景地图的规模以及尺寸。所谓"地图"的概念就是不同场景之间的地域区划，如果把游戏中所有场景看作是一个世界体系，那么这个世界中必然包含不同的区域，其中每一块区域被称作游戏世界的一块"地图"，地图与地图之间通过程序相连接，玩家可以在地图之间自由行动和切换（见图 1-22）。

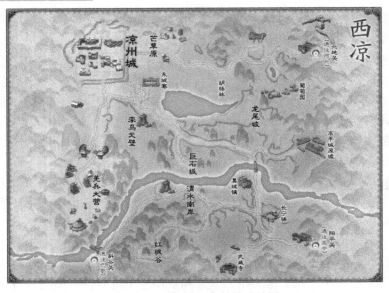

图 1-22　网络游戏中的游戏地图

　　通过游戏企划部门提供的场景文字设定资料，可以得知场景中所包含的内容以及玩家在这个场景中的活动范围，这样就可以基本确定场景的大小，不同类型游戏中场景地图的制作方法也有所不同。在像素或 2D 类型的游戏中，游戏场景地图是由一定数量的图块（Tile）拼接而成的，其原理类似于铺地板，每一块 Tile 中包含不同的像素图形，通过不同 Tile 自由组合拼接就构成了画面中不同的美术元素。通常来说，平视或俯视 2D 游戏中的 Tile 是矩形的，2.5D 的游戏中 Tile 是菱形的，但最终计算机程序都会按照矩形图块来处理运算，这种原理也是二维地图编辑器的制作原理（见图 1-23）。

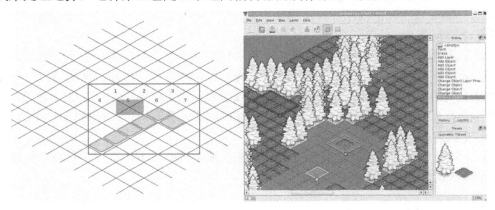

图 1-23　2D 游戏地图的制作原理

　　在三维游戏中场景地图是通过引擎地图编辑器制作生成的，在引擎编辑器中可以设定地图区块的大小，通过地形编辑功能制作出地图中的地表形态，然后可以导入之前制作完成的三维模型元素，通过排布、编辑、整合最终完成整个场景地图的制作。

1.3.2　场景原画设定

　　当游戏场景地图的大小确定下来之后，接下来需要游戏美术原画设计师根据策划文案的描述来进行场景原画的设定和绘制。场景原画设定是对游戏场景整体美术风格的设定和对游戏场景中所有美术元素的设计绘图，从类型上来分，游戏场景原画又分为概念类原画和制作类原画。

概念类场景原画是指原画设计师针对游戏策划的文案描述对游戏场景进行整体美术风格和游戏环境基调设计的原画类型（见图 1-24）。游戏原画师会根据策划人员的构思和设想，对游戏场景中的环境风格进行创意设计和绘制，概念原画不要求绘制十分精细，但要综合游戏的世界观背景、游戏剧情、环境色彩、光影变化等因素。相对于制作类原画的精准设计，概念类原画更加笼统，这也是将其命名为概念原画的原因。

图 1-24　游戏场景概念原画

在概念原画确定之后，游戏场景基本的美术风格就确立下来，之后就需要开始场景制作类原画的设计和绘制。场景制作类原画是指对游戏场景中具体美术元素的细节进行设计和绘制的原画类型。这也是通常意义上所说的游戏场景原画，其中包括游戏场景建筑原画和场景道具原画（见图 1-25）。制作类原画不仅要在整体上表现出清晰的物体结构，更要对设计对象的细节进行详细描述，这样才能便于后期美术制作人员进行实际美术元素的制作。

图 1-25　游戏场景建筑原画

1.3.3　制作场景元素

在场景地图确定之后就要开始制作场景地图中所需的美术元素了，包括场景道具、场景建筑、场景装饰、山石水系、花草树木等，这些美术元素是构成游戏场景的基础元素，其制作质量直接关系到整个游戏场景的优劣，所以这部分是游戏制作公司中美术部门工作量最大的一个环节。

在传统像素和 2D 游戏中的美术元素都是通过 Tile 拼接组合而成的，而对于现在高精细度的 2D 或 2.5D 游戏，其中的美术元素大多是通过三维建模，然后渲染输出成二维图片再通过 2D 软件编辑修饰，最终才能制作成游戏场景中所需的美术元素图层。三维游戏中的美术元素基本都是由 3ds Max 软件制作出的三维模型（见图 1-26）。

以一款三维网络游戏来说，其场景制作最主要的工作就是对三维场景模型的设计制作，包括场景建筑模型、山石树木模型以及各种场景道具模型等。除了在制作的前期需要基础三维模型提供给 Demo 的制作，在中后期更需要大量的三维模型来充实和完善整个游戏场景和环境，所以在三维网络游戏项目中，需要大量的三维美术师。

三维美术设计师要求具备较高的专业技能，不仅要熟练掌握各种复杂的高端三维制作软件，更要有极强的美术塑形能力。在国外，专业的游戏三维美术师大多都是美术雕塑系或建筑系出身，除此之外，游戏三维美术设计师还需要具备大量的相关学科知识，例如建筑学、物理学、生物学、历史学等。

20

图 1-26　三维场景建筑模型

1.3.4　场景的构建与整合

有了场景地图，也就有了所需的美术元素，剩下的工作就是要把美术元素导入到场景地图中，通过拼接整合最终得到完整的游戏场景。这一部分的工作要根据企划的文字设定资料来进行，在大地图中根据资料设定的地点、场景依次制作，包括山体、地形、村落、城市、道路以及其他特定区域的制作。2D 游戏中这部分工作是靠二维地图编辑器制作完成的，而 3D 游戏中是靠游戏引擎编辑器制作完成的。

成熟化的三维游戏商业引擎普及之前，在早期的三维网络游戏开发中，游戏场景所有美术资源的制作都是在三维软件中完成的，除了场景道具、场景建筑模型以外，甚至包括游戏中的地形山脉都是利用模型来制作的。而一个完整的三维游戏场景包括众多的美术资源，所以用这样的方法制作的游戏场景模型会产生数量巨大的多边形面数，不仅导入到游戏中的过程十分烦琐，而且制作过程中三维软件本身就承担了巨大的负载，经常会出现系统崩溃、软件跳出的现象。

随着技术的发展，在进入到游戏引擎时代以后，以上所有问题都得到了完美的解决，游戏引擎编辑器不仅可以帮助我们制作出地形和山脉的效果，除此之外，水面、天空、大气、光效等很难利用三维软件制作的元素都可以通过游戏引擎来完成。尤其是野外游戏场景的制作，我们只需要利用三维软件来制作独立的模型元素，其余 80%的场景工作任务都可以通过游戏引擎地图编辑器来整合和制作（见图 1-27）。利用游戏引擎地图编辑器制作游戏地图场景主要包括以下几方面的内容：

（1）场景地形地表的编辑和制作。

（2）场景模型元素的添加和导入。

（3）游戏场景环境效果的设置，包括日光、大气、天空、水面等方面。

（4）游戏场景灯光效果的添加和设置。

（5）游戏场景特效的添加与设置。

（6）游戏场景物体效果的设置。

图 1-27　利用引擎地图编辑器编辑场景

其中，大量的工作时间都集中在游戏场景地形地表的编辑制作上，引擎地图编辑器制作地形的原理是将地表平面划分为若干分段的网格模型，然后利用笔刷进行控制，实现垂直拉高形成的山体效果或者塌陷形成的盆地效果，然后再通过类似于 Photoshop 的笔刷绘制方法来对地表进行贴图材质的绘制，最终实现自然的场景地形效果。

1.3.5　场景的优化与渲染

以上工作都完成以后整个场景就基本制作完成了，最后要对场景进行整体的优化和完善，为场景进一步添加装饰道具，精减多余的美术元素。除此以外，还要为场景添加各种粒子特效和动画等（见图1-28）。

图 1-28　游戏场景特效

三维游戏特效的制作，首先要利用 3ds Max 等三维制作软件创建出粒子系统，然后将事先制作的三维特效模型绑定到粒子系统上，之后还要针对粒子系统进行贴图的绘制。贴图通常要制作为带有镂空效果的 Alpha 贴图，有时还要制作贴图的序列帧动画，之后还要将制作完成的素材导入到游戏引擎特效编辑器中，对特效进行整合和细节调整。

对于游戏特效美术师来说，他们在游戏美术制作团队中有一定的特殊性，既难以将其归类于二维美术设计人员，也难以将其归类于三维美术设计人员。游戏特效美术师不仅要掌握三维制作软件的操作技能，还要对三维粒子系统有深入研究，同时还要具备良好的绘画功底、修图能力和动画设计制作能力。所以，游戏特效美术师是一个具有复杂性和综合性的游戏美术设计岗位，是游戏开发中必不可少的职位，同时入门门槛也比较高，需要从业者具备高水平的专业能力。在一线的游戏研发公司中，游戏特效美术师通常都是具有多年制作经验的资深从业人员，所得到的薪水待遇相应来说也高于其他游戏美术设计人员。

想要了解更多网络游戏场景制作相关的内容，可以扫描图1-29的二维码来观看视频课程。

图 1-29　《三维网络游戏场景制作流程》视频课程

1.4　游戏美术设计师职业前景

中国的游戏业起步并不算晚，从 20 世纪 80 年代中期台湾游戏公司崭露头角到 90 年代大陆大量游戏制作公司的出现，中国游戏业也发展了近 30 年的时间。在 2000 年以前，由于市场竞争和软件盗版问题，中国游戏业始终处于旧公司倒闭与新公司崛起的快速新旧更替之中。当时由于行业和技术限制，几个人的团队便可以组在一起去开发一款游戏，研发团队中的技术人员也就是中国最早的游戏制作从业者，当游戏公司运作出现问题或者倒闭后，他们便会进入新的游戏公司继续从事游戏研发，所以早期游戏行业中从业人员的流动基本属于"圈内流动"，很少有新人进入这个领域，或者说也很难进入这个领域。

在 2000 年以后中国网络游戏开始崛起并迅速发展为游戏业内的主流力量，由于新颖的游戏形式以及可以完全避免盗版的困扰，国内大多数游戏制作公司开始转型为网络游戏公司，同时也出现了许多大型的专业网络游戏代理公司，如盛大、九城等。由于硬件和技术的发展，网络游戏的研发不再是单凭几个人就可以完成的项目，它需要大量专业的游戏制作人员，之前的"圈内流动"模式显然不能满足从业市场的需求，游戏行业第一次降低入门门槛，于是许多相关领域的人士，如建筑设计行业、动漫设计行业以及软件编程人员等都纷纷转行进入了这个朝气蓬勃的新兴行业当中，然而对于许多大学毕业生或者完全没有相关从业经验的人来说，游戏制作行业仍然属于高精尖技术行业，一般很难达到其入门门槛，所以国内游戏行业从业人员开始了另一种形式上的"圈内流动"。

从 2004 年开始，由于世界动漫及游戏产业发展迅速，政府高度关注和支持国内相关产业，大量民办动漫游戏培训机构如雨后春笋般出现，一些高等院校也陆续开设了游戏设计类专业，这使得那些怀揣游戏梦想的人无论从传统教育途径还是社会办学，都可以很容易地接触到相关的专业培训，之前的"圈内流动"现象彻底被打破，国内游戏行业的就业门槛放低到了空前的程度。

虽然这几年有大量的"新人"涌入到了游戏行业，但整个行业对于就业人员的需求饱和度不仅没有减少，相反还处于日益增加的状态。我们先来看一组数据：2006 年，中国游戏产业的市场份额首次超过韩国，成为亚洲最大的游戏市场。2009 年中国网络游戏市场实际销售额为 256.2 亿元，同比增长 39.4%。2011 年，中国网络游戏市场规模为 468.5 亿元，同比增长 34.4%，其中互联网游戏为 429.8 亿元，同比增长 33.0%，移动网游戏为 38.7 亿元，同比增长 51.2%。根据《2013 年游戏产业报告》显示，2013 年中国游戏玩家数量已经达到 4.9 亿人，游戏市场销售收入高达 831.7 亿元，比 2012 年增长 38%。其中客户端网络游戏收入 536.6 亿元，网页游戏收入 127.7 亿元，移动游戏收入 112.4 亿元，社交游戏收入 54.1 亿元，单机游戏收入 0.9 亿元，均显示出迅猛的发展势头。而随着未来智能手机和平板电脑的持续热销，宽带网络以及 4G 网络的进一步普及，中国游戏产业还将继续保持高速发展。在这期间虽然受到世界金融危机的影响，全球的互联网和 IT 行业普遍处于不景气的状态，但中国的游戏产业在这一时期不仅没有受到影响，相反还更显出强劲的增长势头，中国的游戏行业正处于飞速发展的黄金时期，因此对于专业人才的需求一直居高不下。有资料显示，预计未来 3～5 年，中国游戏人才缺口将高达 30 万人，而目前我国游戏技术从业人员不足 5 万人，远低于游戏人才需求的总量，所以不少游戏公司不惜重金和血本只为吸引和留住更多的行业人才。

对于游戏制作公司来说，游戏研发人员主要包括三部分：企划、程序和美术，这三种职业在美国所享受的薪资待遇从高到低分别为：程序、美术、企划。以美国游戏行业2012年收入水平为例，游戏程序员的年薪为8.5337万美元，游戏美术师年薪为7.1354万美元，游戏策划的年薪为7.0223万美元。综合统计，游戏美术设计师可以拿到的年薪平均在6～8万美元。国内由于地域和公司的不同薪资的差别比较大，但整体来说薪资水平从高到低仍然是：程序、美术、企划。而对于行业内人员需求的分配比例来说，从高到低依次为：美术、程序、企划。所以，综合考虑，游戏美术设计师在游戏制作行业是非常好的就业选择，其职业前景也十分光明。

2010年以前，中国网络游戏市场一直是客户端网游的天下，但近两年网页游戏、手机游戏发展非常快，网页游戏逐渐成为网络游戏的主力，由于智能手机和平板电脑的快速普及，移动游戏同样发展迅速，2011年互联网游戏用户总数突破1.6亿人，同比增长33%，其中，网页游戏用户持续增长，规模为1.45亿人，增长率达24%，移动网下载单机游戏用户超过5100万人，增长率达46%，移动网在线游戏用户数量达1130万人，增长率高达352%。在未来，网页游戏和手机游戏行业的人才需求将会不断增加，拥有更加广阔的前景。

面对如此广阔的市场前景，游戏美术设计从业人员可以根据自己的特长和所掌握的专业技能来选择适合的就业方向，拥有单一专业技能的设计人员可以选择加入传统的客户端网游制作公司，拥有高尖端专业设计能力的人员可以选择去次时代游戏研发公司，而具备综合设计制作能力的游戏美术人员可以加入到页游或者手机游戏公司。众多的就业路线和方向大大拓宽了游戏美术设计从业者的就业范围，无论选择哪一条道路，通过自己的不断努力最终都将会在各自的岗位上绽放出绚丽的光芒。

想要更多了解游戏制作行业以及美术师职业可以扫描图1-30的二维码来观看视频课程。

图1-30　《游戏美术设计师之路》视频课程

网络游戏场景制作软件及工具

所谓"工欲善其事,必先利其器",对于游戏美术设计师来说,熟练掌握各类制作软件与工具是踏入游戏制作领域的最基本条件,只有熟练掌握软件技术才能将自己的创意和想法淋漓尽致地展现在游戏世界中。在一线游戏制作公司中,常用的三维制作软件主要有 3ds Max 和 Maya。在欧美和日本的三维游戏制作中通常使用 Maya 软件,而国内大多数游戏制作公司主要使用 3ds Max 作为主要的三维制作软件,这主要是由游戏引擎技术和程序接口技术所决定的。虽然这两款软件同为 Autodesk 公司旗下的产品,但在使用上还是有着很大的不同,为迎合国情本书主要针对 3ds Max 软件在网络游戏场景制作中的应用来进行详细讲解。除此之外,在本章中还将讲解三维网络游戏制作中常用的贴图制作插件以及场景制作中较为通用的游戏引擎工具等。

2.1　3D 模型制作软件

3D Studio Max,常简称为 3ds Max 或 MAX(见图 2-1),是 Autodesk 公司开发的基于 PC 系统的三维动画渲染和制作软件。3ds Max 软件的前身是基于 DOS 操作系统的 3D Studio 系列软件,作为最元老级的三维设计软件,3ds Max 具有独立完整的设计功能,广泛应用于广告、影视、工业设计、建筑设计、多媒体制作、游戏、辅助教学以及工程可视化等领域。由于其堆栈命令操作简单便捷,加上强大的多边形编辑功能,使得 3ds Max 在游戏三维美术设计方面显示出得天独厚的优势,同时由于游戏引擎和程序接口等方面的原因,国内大多数游戏公司也选择 3ds Max 作为主要的游戏三维制作软件。

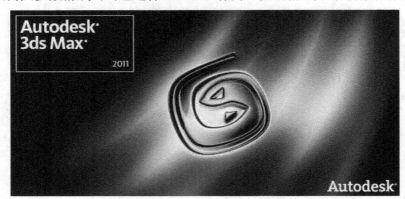

图 2-1　3ds Max 软件的 LOGO

具体到三维游戏场景美术制作,主要应用 3ds Max 软件制作各种游戏场景模型元素,例如建筑模型、植物模型、山石模型和场景道具模型等。另外,游戏场景中的各种粒子特效和场景动画也要通过 3ds Max 来制作。各种三维美术元素最终要导入到游戏引擎地图编辑器中使用,在一些特殊的场景环境中,3ds Max 还要代替地图编辑器来模拟制作各种地表形态。下面从不同的方面来介绍 3ds Max 软件在三维网络游戏场景制作中的具体应用。

1. 制作建筑模型和场景道具模型

建筑是三维网络游戏场景的重要组成元素,通过各种单体建筑模型组合而形成的建筑群落是构成游戏场景的主体要素（见图 2-2），制作建筑模型是 3ds Max 在三维游戏场景制作的重要作用之一。除了游戏中的主城、地下城等大面积纯建筑形式的场景以外，三维网络游戏场景中的建筑模型还包括：野外村落及相关附属的场景道具模型；特定地点的建筑模型，例如独立的宅院、野外驿站、寺庙、怪物营地等；各种废弃的建筑群遗迹；野外用于点缀装饰的场景道具模型，如雕像、栅栏、路牌等。

图 2-2　游戏中的主城是由众多单体建筑构成的复杂建筑群落

▶2. 制作各种植物模型

在网络游戏中，除了主城、村落等以建筑为主的场景外，游戏地图中绝大部分场景都是野外场景地图，因此需要用到大量花草树木等植物模型，这些也都是通过 3ds Max 制作完成的。制作完成后的植物模型导入到游戏引擎地图编辑器中可以进行"种植"操作，也就是将植物模型植入到场景地表中。植物的叶片部分还可以做动画处理，使其可以随风摆动，显得更加生动自然。

图 2-3　游戏场景中的植物模型

3. 制作山体和岩石模型

在三维网络游戏的场景制作中，大面积的山体和地表通常是由引擎地图编辑器来生成和编辑的，但这些山体形态往往过于圆滑，缺乏丰富的形态变化和质感，所以要想得到造型更加丰富、质感更加坚硬的岩体，必须通过 3ds Max 来制作山石模型（见图 2-4）。3ds Max 制作出的山石模型不仅可以用作大面积的山体造型，还可以充当场景道具来点缀游戏场景，丰富场景细节。

图 2-4　游戏场景中的山石模型

4. 代替地图编辑器制作地形和地表

在个别情况下游戏引擎地图编辑器可能对于地表环境的编辑无法达到预期的效果，这时就需要通过 3ds Max 来代替地图编辑器制作场景的地形结构。如图 2-5 中的悬崖场景，悬崖的形态结构极具特点，同时还要配合悬崖上的建筑和悬崖侧面的木梯栈道，这就需要利用 3ds Max 根据具体的场景特点来制作，有时还需要 3ds Max 和引擎编辑器共同配合来完成。

图 2-5　网络游戏中特殊的场景地形

▶ **5. 制作场景粒子特效和动画**

场景粒子特效和动画是游戏场景中后期用于整体修饰和优化的重要手段，其中粒子和动画部分的前期制作是通过 3ds Max 完成的。对于大型的场景特效可以在 3ds Max 中直接与建筑模型部分绑定制作到一起，而对于小型的场景特效，如瀑布、落叶、流光、树阴下的透光以及局部的天气效果等（见图 2-6），要在 3ds Max 中进行独立制作，完成后再导入到游戏引擎编辑器中。

图 2-6　游戏场景中的瀑布效果

3ds Max 从最初的 3D Studio 1.0 开始到如今的 3ds Max 2015 已经经历了 10 余代版本的更新和发展，从最初简单的模型制作软件发展为现在功能复杂、模块众多的综合型三维设计软件。每一代的版本更新都使得 3ds Max 软件在功能性和操作人性化方面具有极大改进，但对于游戏美术制作来说，我们更多是利用 3ds Max 来制作游戏模型，所以对于所使用的 3ds Max 软件版本的选择，并不一定刻意追求最新的软件版本。在考虑软件功能性的同时，也要兼顾个人电脑的硬件配置和整体的稳定性，要保证软件在当前的个人系统下能够流畅运行，尽量避免低配置电脑使用过高的软件版本而带来频繁死机、系统崩溃的情况。通常来说，3ds Max 8 以后的软件版本在功能性上对于游戏美术制作来说已经足够，可以根据个人电脑的硬件情况来选择适合的软件版本。

2.2　模型贴图制作软件与插件

在网络游戏场景制作的过程中，我们大多数时间是利用 3ds Max 制作场景所需的各种三维模型元素。对于三维模型的制作和编辑来说，如今的 3ds Max 软件的功能已经十分强大，基本不需要其他软件或者插件的额外辅助就可以完成所有的模型制作任务。当模型制作完成后，接下来的工作就是根据模型来绘制贴图。这里需要了解的是：游戏场景模型并不像 3D 角色模型一样，需要根据模型的 UV 网格来进行一对一的严谨绘制，对于大多数场景建筑模型来说，其贴图可以独立绘制，或者有时还要根据贴图来匹配模型。所以，当制作场景模型贴图时，可以利用一些插件来进行辅助，这样可以极大地提高工作效率。本节将会讲解在三维网络游戏场景制作中常用的贴图制作插件，包括 DDS 插件、无缝贴图制作插件以及法线贴图制作插件等。

2.2.1　DDS 贴图插件

DDS 是 DirectDraw Surface 的缩写，实际上，它是 DirectX 纹理压缩技术（DirectX Texture Compression，简称 DXTC）的产物。DirectDraw 是微软发行的 DirectX 软件开发工具箱（SDK）中的一部分，微软通过 DirectDraw，为广大开发者提供了一个比 GDI 层次更高、功能更强、操作更有效、速度更快的应用程序图像引擎。

DDS 作为微软 DirectX 特有的纹理格式，它是以 2 的 n 次方算法存储图片的。对于模型贴图来说，传统 bmp、jpg、tga、png 等格式的图片在打开 VRP 文件时，需要在显存中进行加载格式转换的处理，而 DDS 格式的图片由于其自身特性，在打开时可以以极快的速度进行加载，所以通常在三维网络游戏项目中都将 DDS 作为默认的三维模型贴图格式。同时，DXTC 技术还减少了贴图纹理的内存消耗量，比传统技术节省了 50%甚至更多。DDS 图片包含 3 种 DXTC 格式可供使用，分别为 DXT1、DXT3 和 DXT5。

一般来说，我们无法直接打开 DDS 格式的图片文件，也无法通过 Photoshop 等二维图像处理软件将图片转存为 DDS 格式，要想实现这些操作必须要安装相关的 DDS 插件。可以通过网络搜索"NVIDIA Photoshop Plugins dds"等关键词来获得插件的资源下载。下载的插件资源一般包含三个文件：dds.8bi、NormalMapFilter.8bf 和 msvcp71.dll。然后将 dds.8bi 和 NormalMapFilter.8bf 文件复制到"\Program Files\Adobe\Photoshop CS\增效工具\滤镜"目录下，同时将 msvcp71.dll 文件复制到 Photoshop CS 的安装根目下，这样就完成了 DDS 插件的安装。

当为 Photoshop 软件安装了 DDS 插件之后，就可以用 Photoshop CS 软件来打开 DDS 格式的图片了。选择并打开一张 DDS 图片，这时会弹出一个"Mip Maps"对话框（见图 2-7）。由于 Mip-mapping 的核心特征是根据物体景深方向位置的变化来选择贴图的显示方式，Mip 映射根据不同的远近来显示不同大小的材质贴图。比如，在游戏场景中的建筑模型默认贴图为 512×512 像素尺寸，当游戏中玩家角色视角距离建筑模型较远时，模型贴图则会以 256×256 像素尺寸显示，距离越远贴图显示的尺寸越小，这样不仅可以产生良好的视觉效果，同时也极大地节约了系统资源。当点击"Mip Maps"对话框的"Yes"按钮时就可以看到 DDS 贴图不同尺寸的显示形式（见图 2-8），正常情况下点击"No"按钮即可在 Photoshop 中打开 DDS 图片。

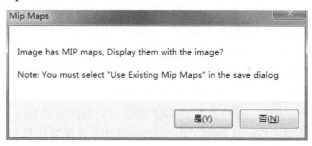

图 2-7　"Mip Maps"对话框

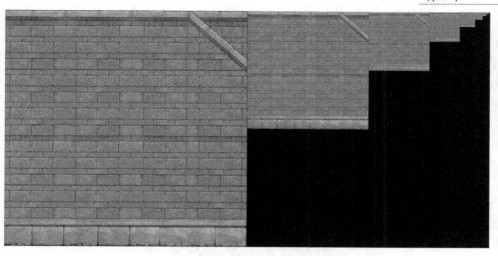

图 2-8　DDS 贴图显示方式

接下来可以对打开的 DDS 图片进行修改和编辑，修改完成后可以对其进行存储，另外其他格式的图片在 Photoshop 软件中也可以被转存为 DDS 格式，可以通过"Shift+Ctrl+S"快捷键对图片进行存储，在弹出的存储对话框图片格式的下拉列表中选择 DDS 格式，之后会弹出 DDS 格式的存储设置窗口，如图 2-9 所示。

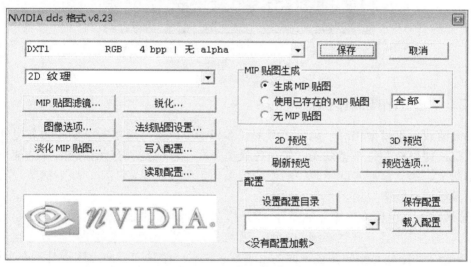

图 2-9　DDS 格式存储设置窗口

在实际操作中，对于这个窗口中的各项参数设置保持默认状态即可。如果贴图不包含 Alpha 通道，就选择 DXT1 RGB 格式来存储，对于包含 Alpha 通道的图片则必须选择 DXT1 ARGB、DXT3 ARGB 和 DXT5 ARGB 等格式来存储，尤其对于三维植物模型的叶片贴图，选择 DXT5 ARGB 格式显示效果最好。这里还需要注意的是，由于 DDS 格式的图片是以 2 的 n 次方算法存储的，所以在编辑时还必须保证当前的图片尺寸必须为 2 的 n 次方，如果图片的尺寸不是 2 的 n 次方，存储图片时对话框中的"Save"按钮将为灰色不可点选状态。

如果想在不打开 Photoshop 软件的情况下直接查看 DDS 图片，则可以通过一些 DDS

图片浏览器插件来实现。这里介绍一款名为"WTV"的 DDS 查看器。这是一款无需安装可独立运行的小程序插件，同样可以通过网络搜索来进行下载。我们可以将 DDS 图片直接拖曳到 WTV 窗口中进行查看，也可以在 DDS 图片图标上通过鼠标右键菜单的"打开方式"选项来进行设置，让所有的 DDS 格式图片直接关联 WTV 程序（见图 2-10）。

图 2-10　WTV 图片查看器

2.2.2　无缝贴图制作插件

三维游戏场景模型相对于角色模型来说体积十分巨大，通常一个墙面的高度就超过角色数倍，如果在制作模型贴图时像角色模型那样，将模型所有元素的面片全部平展到一张贴图上，那么最后实际游戏中贴图的效果一定会变得模糊不清、缺少细节，所以在制作场景模型时就需要用到"无缝贴图"。

"无缝贴图"也称为"循环贴图"，就是指在 3ds Max 的 Edit UVWs 编辑器中贴图边界可以自由连接并且不产生接缝的贴图，通常分为二方连续无缝贴图和四方连续无缝贴图。二方连续贴图就是指贴图在平面的上下或者左右一个轴向方向上连接时不产生接缝，而四方连续贴图就是贴图在上下左右两个平面轴向连接时都不产生接缝，让贴图形成可以无限连接的大贴图。

图 2-11 就是四方连续无缝贴图的效果，白线框中是贴图本身，贴图的右边缘与左边缘、左边缘与右边缘、上边缘与下边缘、下边缘与上边缘都可以实现无缝衔接。所以在模型贴图时不用担心模型的 UV 细分问题，只需要根据模型整体大小调整贴图的比例即可。其实对于无缝贴图，我们完全可以利用 Photoshop 等二维软件来进行制作和绘制，但是像四方连续这样的无缝贴图，如果想要得到良好的图片效果，将会花费大量的时间在图片细节的修改和编辑上。所以在实际游戏项目的制作中，通常会利用一些插件来进行辅助制作，这样可大大节省时间，提高工作效率。

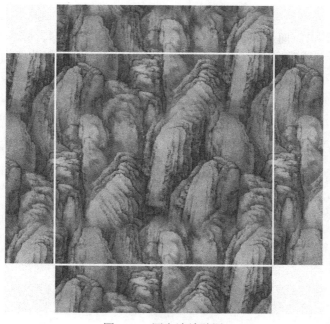

图 2-11　四方连续贴图

首先介绍一款名为 Seamless 的无缝贴图制作插件，这款插件全称为"Seamless Texture Creator"，整体是一款十分小巧的独立运行应用程序，软件下载后解压即可使用，无需安装操作。图 2-12 是软件启动后的程序界面。

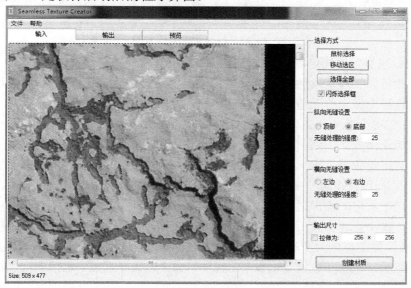

图 2-12　Seamless 无缝贴图制作软件的界面

软件操作界面整体分为两大部分，左侧的窗口面板和右侧的参数设置面板。窗口面板可以显示导入或者输出的贴图图片，参数设置面板可以对导入的原始图片进行设置，最终得到适合的无缝贴图效果。下面来介绍一下利用 Seamless 制作无缝贴图的流程。

首先，在文件菜单中打开想要制作无缝贴图的素材图片，然后通过右侧的参数面板来进行设置。在参数面板中，顶部的选择方式可以设置想要制作无缝贴图的选区范围，默认方式是全选状态，也就是将导入的图片整体进行无缝处理。接下来通过面板中部的"横向无缝设置"和"纵向无缝设置"对图片的无缝衔接方式进行设置，"无缝处理强度"可以控制无缝衔接羽化范围的大小。面板下方可以设置无缝贴图的输出尺寸大小，然后点击"创建材质"按钮就可以直接生成无缝贴图。我们可以切换到窗口面板的预览模式来查看无缝贴图的效果，并可以与原始素材进行对比查看（见图 2-13）。

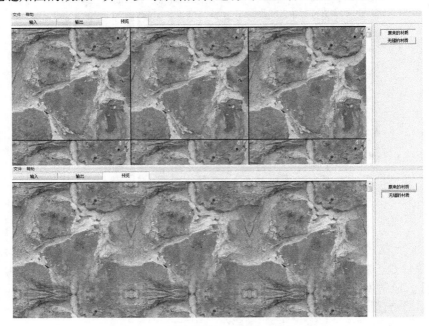

图 2-13　原始素材与无缝处理后的对比

Seamless 虽然可以快速制作处理无缝贴图，但其软件的功能性过于简单，另外处理过的图片虽然可以实现基本的无缝衔接，却缺乏一定的自然感和真实度，所以接下来再介绍一款功能更为强大的无缝贴图处理软件——"PixPlant"。

PixPlant 相对于 Seamless 功能最为强大的地方在于，PixPlant 不仅可以将一张图片自身处理为无缝衔接效果，还可以在其基础上叠加新的纹理图层，让贴图呈现更加多样、真实和自然的视觉效果。另外，PixPlant 还可以将处理生成的贴图直接设置输出为法线贴图，这些功能都让 PixPlant 在三维场景贴图制作和处理上极具优势，也是现在网络游戏项目美术制作中常用的插件之一。

PixPlant 软件安装完成后，点击启动软件的操作界面（见图 2-14）。从整体来说，PixPlant 的操作界面也分为左右两大部分，左侧为基础素材图片的显示窗口，右侧为叠加素材图片的显示窗口和参数设置面板。在软件界面上方是菜单栏，包括 File（文件）、Edit（编辑）、View（视图）、Seed（种子）和 Help（帮助）五个菜单选项。File 菜单中主要包含打开素材图片、生成无缝贴图、保存贴图和软件设置等选项；Edit 菜单中包含对操作撤销、取消撤销和复制纹理到视窗面板等命令；View 菜单主要用来设置素材图片在窗口中的显示方式和缩放大小等；Seed 菜单主要用来添加和删除叠加纹理的素材图片；Help 菜单中包含软件相关信息以及软件的使用说明文档等。

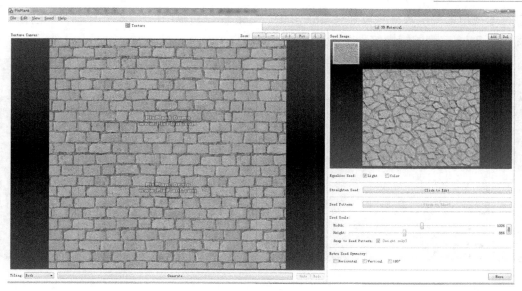

图 2-14　PixPlant 软件界面

通过 File 菜单下的 Load Texture 可以将原始素材图片导入到软件左侧的贴图面板中，然后通过 Seed 菜单或者 Seed Image 视图右上角的 Add 按钮来添加种子图片。所谓的种子图片就是额外叠加的纹理素材图片，首先通过 Add Seed from Textur Canvas 命令将原始素材图片自身作为种子图片添加进来，如果还想叠加其他的纹理素材，可以通过 Add Seed from File 命令来选择添加。利用下方参数面板中的 Seed Scale 还可以设置种子图片横向和纵向的缩放比例，这样可以让生成的贴图更具多样性，如图 2-15 所示。通过下方的 Extra Seed Symmetry（附加种子对称性）设置，可以让种子图片叠加得更加自然和真实。接下来可以通过纹理面板左下角的 Tiling 选项来选择无缝贴图的形式，包括 Horizontal（横向二方连续）、Vertical（纵向二方连续）和 Both（四方连续）三种形式，然后点击下方的"Generate"按钮就可以生成无缝贴图了。

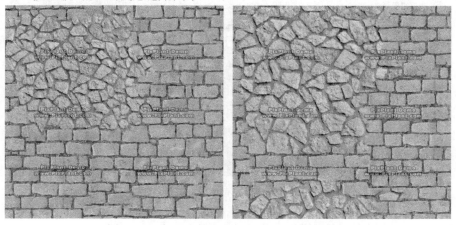

图 2-15　种子图片不同缩放比例下的显示效果

除此之外，PixPlant 还有一项比较有用的功能，那就是 Straighten Seed（矫正种子）命令。如果导入的基础素材纹理并不是特别规则的纹理，则可以通过矫正种子命令对图像进行适度的拉伸变形操作，以得到符合要求的纹理贴图。如图 2-16 所示，原始素材是带有透视角度的图片，可以通过 Straighten Seed 窗口面板中的线框对其进行矫正操作，得到图 2-16 右侧的规则纹理贴图效果。

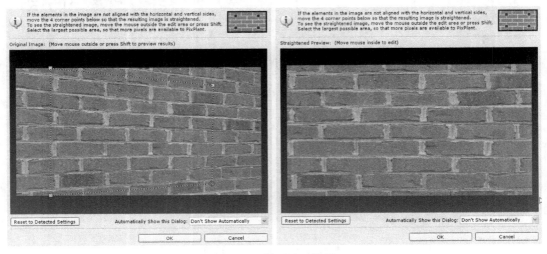

图 2-16　矫正种子效果

　　在软件菜单栏下方，可以通过 3D Material 标签切换到 3D 材质界面，这里可以利用详细的参数设置来生成无缝贴图的法线和高光贴图，图 2-17 是不同贴图叠加到 3D 材质球上的效果。

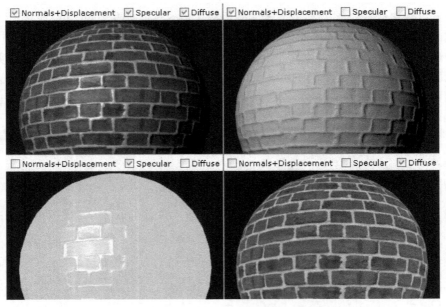

图 2-17　法线、高光和固有色贴图在材质球上的效果

2.2.3　法线贴图制作插件

　　近几年随着次时代引擎技术的飞速发展，以法线贴图技术为主流技术的电脑游戏大行其道，成为未来电脑游戏美术的主要制作方向。所谓的法线贴图是可以应用到 3D 表面的特殊

纹理,不同于以往的纹理只可以用于2D表面。作为凹凸纹理的扩展,它包括了每个像素的高度值,内含许多细节的表面信息,能够在平平无奇的物体上创建出许多种特殊的立体外形(见图2-18)。可以把法线贴图想象成与原表面垂直的点,所有点组成另一个不同的表面。对于视觉效果而言,它的效率比原有的表面更高,若在特定位置上应用光源,可以生成精确的光照方向和反射,法线贴图的应用极大地提高了游戏画面的真实性与自然感。

图 2-18　利用法线贴图制作的游戏角色模型

对于次世代 3D 游戏角色模型的制作,现在通用的方法是利用 Zbrush 三维雕刻软件深化模型细节使之成为具有高细节的三维模型(见图2-19),然后通过映射烘焙出法线贴图,并将其添加到低精度模型的法线贴图通道上,使之拥有法线贴图的渲染效果。这样做大大降低了模型的面数,在保证视觉效果的同时尽可能地节省了资源。

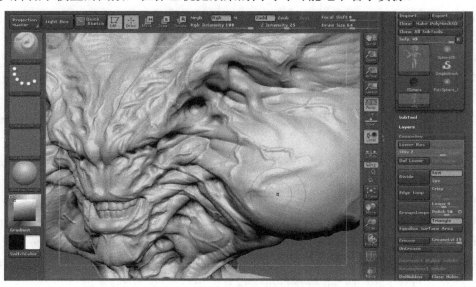

图 2-19　利用 Zbrush 软件雕刻模型细节

对于 3D 次世代游戏场景模型所用到的法线贴图，其实制作起来要比角色模型的法线贴图容易得多，由于场景模型贴图的形态大多比较规则，且多以自然纹理为主，所以在制作时完全可以通过普通纹理贴图转化来实现。像前面我们讲到的 PixPlant 无缝贴图处理软件就自带有法线贴图的输出功能，下面再来介绍一款更加专业的法线贴图制作软件——"CrazyBump"。

CrazyBump 是一款体积小巧、操作快捷的法线贴图转换制作软件，操作步骤十分简单，但却可以获得优秀的法线贴图效果。我们可以从网上下载 CrazyBump 的安装程序，经过简单的安装步骤后便可以启动软件，软件的启动界面如图 2-20 所示。

图 2-20　CrazyBump 的启动界面

窗口中间三个选项是用来认证激活软件的，点击窗口左下角的 Open 按钮可以进入图片选择界面，如图 2-21 所示。这里可以选择想要打开的贴图类型，包括普通照片、高光贴图以及法线贴图。如果想要利用普通纹理图片转化制作一张法线贴图就选 Open Photograph，如果想要对一张法线贴图进行修改可以选择 Open Normal Map 选项。窗口下方的三个按钮用于打开调用内存粘贴板中的图片。这里选择 Open Photograph 按钮。

接下来打开的窗口用来选择法线贴图纹理的凹凸方式，这两种方式互为反向的关系，这里可根据自己制作贴图的需要来进行选择（见图 2-22）。

然后将正式进入法线贴图的参数设置窗口，进行法线贴图的详细设置（见图 2-23）。窗口左侧的参数面板包括：Intensity（强度），用来设置法线凹凸效果的强度；Sharpen（锐度），用来设置细节的锐化程度；Noise Removal（降噪），用来去除贴图产生的噪点；Shape Recogntiton（形状识别），用来设置凹凸纹理边缘的显示效果；Fine Detail、Medium Detail、Large Detail、Very Large Detail 等参数用来设置贴图纹理凹凸的显示细节。

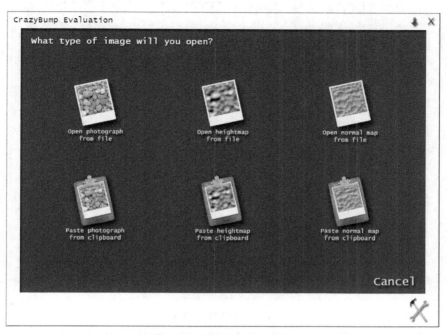

图 2-21　选择打开的图片类型

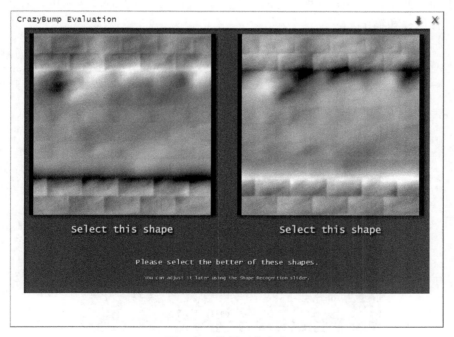

图 2-22　选择凹凸方式

图 2-23　参数设置窗口

点击参数面板上方的 Show 3D Preview 按钮，可以查看法线贴图在 3D 材质球上的显示效果，如图 2-24 所示。在法线贴图显示窗口的下方还可以打开置换、高光、固有色贴图设置页面，进行其他贴图类型的设置。最后点击窗口下方的 Save 按钮可以对制作完成的贴图进行保存和输出。

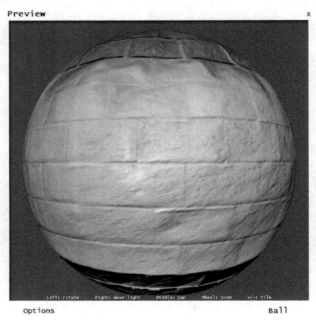

图 2-24　3D 预览窗口

2.3　三维游戏引擎工具

在如今成熟化的商业游戏项目研发中，游戏引擎起到了至关重要的作用，它的核心价值成为了连接企划、美术与程序部门的纽带，同时游戏引擎所附带的功能和开发模块也极大地提高了游戏制作的效率和便捷性。下面我们就来简单了解一下游戏引擎的概念与基本功能。

2.3.1　游戏引擎的概念

"引擎"（Engine）这个词汇最早出现在汽车领域，引擎是汽车的动力来源，它就好比是汽车的心脏，决定着汽车的性能和稳定性，汽车的速度、操纵感这些直接与驾驶相关的指标都建立在引擎的基础上。电脑游戏也是如此，玩家所体验到的剧情、关卡、美工、音乐、操作等内容都是由游戏的引擎直接控制的，它扮演着中场发动机的角色，把游戏中的所有元素捆绑在一起，在后台指挥它们同步有序地工作。简单来说，游戏引擎就是用于控制所有游戏功能的主程序，从模型控制，到计算碰撞、物理系统和物体的相对位置，再到接受玩家的输入，以及按照正确的音量输出声音等都属于游戏引擎的功能范畴。

无论是 2D 游戏还是 3D 游戏，无论是角色扮演游戏、即时策略游戏、冒险解谜游戏或是动作射击游戏，哪怕是一个只有 1MB 的桌面小游戏，都有这样一段起控制作用的代码，这段代码可以笼统地称为引擎。或许在早期的像素游戏时代，一段简单的程序编码可以被称为引擎，但随着计算机游戏技术的发展，经过不断的进化，如今的游戏引擎已经发展为一套由多个子系统共同构成的复杂系统，从建模、动画到光影、粒子特效，从物理系统、碰撞检测到文件管理、网络特性，还有专业的编辑工具和插件，几乎涵盖了开发过程中的所有重要环节，这一切所构成的集合系统才是今天真正意义上的游戏引擎。

如今的游戏引擎是一个十分复杂的综合概念，其中包括众多的内容，既有抽象的逻辑程序概念，也包括具象的实际操作平台。其中引擎编辑器就是游戏引擎中最为直观的交互平台，它承载了企划、美术制作人员与游戏程序的衔接任务。一套完整成熟的游戏引擎编辑器通常包含以下几部分：场景地图编辑器、场景模型编辑器、角色模型编辑器、动画特效编辑器和任务编辑器等，不同的编辑器负责不同的制作任务，同时也提供给不同的制作人员来使用。

对于网络游戏场景制作来说，在所有的引擎编辑器中，最为重要的就是场景地图编辑器。我们利用三维软件制作的各种美术元素最后都要加入到场景地图编辑器中，也可以说整个游戏内容的搭建和制作都是在场景地图编辑器中完成的。简单来说，地图编辑器就是一种即时渲染显示的游戏场景地图制作工具，设计师可以通过它来制作和管理游戏场景地图数据，它的主要任务就是将所有的游戏美术元素整合起来并完成游戏整体场景的搭建、制作和最终输出。现在世界上所有先进的商业游戏引擎都会把场景地图编辑器作为重点设计对象，将一切高尖端技术加入其中，引擎地图编辑器的优劣也决定了最终游戏整体视觉效果的好坏。

2.3.2 游戏引擎的发展史

▶ 1. 引擎的诞生（1991 年—1993 年）

1992 年，美国 Apogee 软件公司代理发行了一款名叫《德军司令部》（Wolfenstein 3D）的射击游戏（见图 2-25），游戏的容量只有 2MB，以现在的眼光来看这款游戏只能算是微型小游戏，但在当时即使用"革命"这一极富煽动色彩的词语也无法形容出它在整个电脑游戏发展史上占据的重要地位。稍有资历的玩家可能都还记得当初接触它时的兴奋心情，这部游戏开创了第一人称射击游戏的先河，更重要的是，它在由宽度 X 轴和高度 Y 轴构成的图像平面上增加了一个前后纵深的 Z 轴，这根 Z 轴正是三维游戏的核心与基础，它的出现标志着 3D 游戏时代的萌芽与到来。

《德军司令部》游戏的核心程序代码，也就是今天所说的游戏引擎的作者正是如今大名鼎鼎的约翰·卡马克（John Carmack），他在世界游戏引擎发展史上的地位无可替代。1991 年他创办了 id Software 公司，正是凭借《德军司令部》的 Wolfenstein 3D 游戏引擎让这位当初名不见经传的程序员在游戏圈中站稳了脚跟，之后 id Software 公司凭借《毁灭战士》（Doom）、《雷神之锤》（Quake）等系列游戏作品成为当今世界最为著名的三维游戏研发公司，而约翰·卡马克也被奉为游戏编程大师。

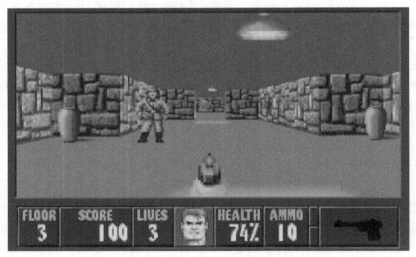

图 2-25　当时具有革命性画面的《德军司令部》

随着《德军司令部 3D》的大获成功，id Software 公司于 1993 年发布了自主研发的第二款 3D 游戏《毁灭战士》（Doom）。Doom 引擎在技术上大大超越了 Wolfenstein 3D 引擎，《德军司令部》中的所有物体大小都是固定的，所有路径之间的角度都是直角，也就是说玩家只能笔直地前进或后退，这些局限在《毁灭战士》中都得到了突破，尽管游戏的关卡还是维持在 2D 平面上进行制作的，没有"楼上楼"的概念，但墙壁的厚度和路径之间的角度已经有了不同的变化，这使得楼梯、升降平台、塔楼和户外等各种场景成为可能。

虽然 Doom 的引擎在今天看来仍然缺乏细节，但开发者在当时条件下的设计表现却让人叹服，另外更值得一提的是 Doom 引擎是第一个被正式用于授权的游戏引擎。1993 年底，Raven 公司采用改进后的 Doom 引擎开发了一款名为《投影者》（ShadowCaster）的游戏，这是世界游戏史上第一例成功的"嫁接手术"。1994 年 Raven 公司采用 Doom

引擎开发了《异教徒》（Heretic）游戏，为引擎增加了飞行的特性，成为跳跃动作的前身。1995 年 Raven 公司采用 Doom 引擎开发了《毁灭巫师》（Hexen），加入了新的音效技术、脚本技术以及一种类似集线器的关卡设计，使玩家可以在不同关卡之间自由移动。Raven 公司与 id Software 公司之间的一系列合作充分说明了引擎的授权无论对于使用者还是开发者来说都是大有裨益的，只有把自己的引擎交给更多的人使用才能使游戏引擎不断地成熟和发展起来。

2. 引擎的发展（1994 年—1997 年）

虽然在如今的游戏时代，游戏引擎可以拿来用作各种类型游戏的研发设计，但从世界游戏引擎发展史来看，引擎却总是伴随着 FPS（第一人称射击）游戏的发展而进化的，无论是第一款游戏引擎的诞生，还是次时代引擎的出现，游戏引擎往往都是依托于 FPS 游戏作为载体展现在世人面前，这已然成为游戏引擎发展的一条定律。

在引擎的进化过程中，肯·西尔弗曼于 1994 年为 3D Realms 公司开发的 Build 引擎是一个重要的里程碑。Build 引擎的前身就是家喻户晓的《毁灭公爵》（Duke Nukem 3D）（见图 2-26），《毁灭公爵》已经具备了今天第一人称射击游戏的所有标准内容，如跳跃、360 度环视以及下蹲和游泳等特性，此外还把《异教徒》里的飞行换成了喷气背包，甚至加入了角色缩小等令人耳目一新的内容。在 Build 引擎的基础上先后诞生过 14 款游戏，例如《农夫也疯狂》（Redneck Rampage）、《阴影武士》（Shadow Warrior）和《血兆》（Blood）等，还有台湾艾生资讯开发的《七侠五义》，这是当时国内为数不多的几款 3D 游戏之一。Build 引擎的授权业务大约为 3D Realms 公司带来了 100 多万美元的额外收入，3D Realms 公司也由此而成为了引擎授权市场上最早的受益者。尽管如此，但 Build 引擎并没有为 3D 引擎的发展带来实质性的变化，突破的任务最终由 id Software 公司的《雷神之锤》（Quake）完成了。

图 2-26　相对于第一款 3D 游戏《毁灭公爵》的画面有了明显进步

随着时代的变革和发展，游戏公司对于游戏引擎的重视程度日益提高，《雷神之锤》系列作为 3D 游戏史上最伟大的游戏系列之一，其创造者——游戏编程大师约翰·卡马克，对游戏引擎技术的发展做出了前无古人的卓越贡献，从 1996 年《Quake I》的问世，到《Quake II》再到后来风靡世界的《Quake III》（见图 2-27），每一次的更新换代都把游戏引擎技术推向了一个新的极致，在《Quake III》之后卡马克将《Quake》的引擎源代码公开发布，将自己辛苦研发的引擎技术贡献给了全世界，虽然现在《Quake》引擎已经淹没在了历史长河中，但无数程序员都坦然承认卡马克的引擎源代码对于自己学习和成长的重要性。

图 2-27　从 Quake I 到 Quake III 画面的发展

Quake 引擎是当时第一款完全支持多边形模型、动画和粒子特效的真正意义上的 3D 引擎，而不是像 Doom、Build 那样的 2.5D 引擎，此外 Quake 引擎还是多人连线游戏的始作俑者，尽管几年前的《毁灭战士》也能通过调制解调器连线对战，但最终把网络游戏带入大众视野的是《雷神之锤》，也是它促成了世界电子竞技产业的发展。

一年之后，id Software 公司推出《雷神之锤 2》，一举确定了自己在 3D 引擎市场上的霸主地位。《雷神之锤 2》采用了一套全新的引擎，可以更充分地利用 3D 加速和 OpenGL 技术，在图像和网络方面与前作相比有了质的飞跃，Raven 公司的《异教徒 2》和《军事冒险家》、Ritual 公司的《原罪》、Xatrix 娱乐公司的《首脑：犯罪生涯》以及离子风暴工作室的《安纳克朗诺克斯》都采用了 Quake II 引擎。

在《QuakeII》还在独霸市场的时候，一家后起之秀——Epic 公司携带着它们自己的《Unreal》（虚幻）（见图 2-28）问世，尽管当时只是在 300×200 的分辨率下运行这款游戏，但游戏中的许多特效即便在今天看来依然很出色：荡漾的水波、美丽的天空、庞大的关卡、逼真的火焰、烟雾和力场效果等。从单纯的画面效果来看，《虚幻》是当时当之无愧的佼佼者，其震撼力完全可以与人们第一次见到《德军司令部》时的感受相比。

谁都没有想到这款用游戏名字命名的游戏引擎在日后的引擎大战中发展成了一股强大的力量，Unreal 引擎在推出后的两年内就有 18 款游戏与 Epic 公司签订了许可协议，这还不包括 Epic 公司自己开发的《虚幻》资料片《重返纳帕利》、第三人称动作游戏《北欧神符》（Rune）、角色扮演游戏《杀出重围》（Deus Ex）以及最终也没有上市的第一人称射击游戏《永远的毁灭公爵》（Duke Nukem Forever）等。Unreal 引擎的应用范围不仅体现于游戏制作，还涵盖了教育、建筑等其他领域，Digital Design 公司曾与联合国教科文组织的世界文化遗产分部合作采用 Unreal 引擎制作过巴黎圣母院的内部虚拟演示，ZenTao 公司采用 Unreal 引擎为空手道选手制作过武术训练软件，另一家软件开发商 Vito Miliano 公司也采用 Unreal 引擎开发了一套名为"Unrealty"的建筑设计软件，用于房地产的演示，现如今 Unreal 引擎早已经从激烈的竞争中脱颖而出，成为当下主流的次时代游戏引擎。

图 2-28　虚幻引擎的 LOGO

◆ 3. 引擎的革命（1998 年—2000 年）

在虚幻引擎诞生后，引擎在游戏图像技术上的发展出现了暂时的瓶颈。例如，所有采用 Doom 引擎制作的游戏，无论是《异教徒》还是《毁灭战士》都有着相似的内容，甚至连情节设定都如出一辙，玩家开始对端着枪跑来跑去的单调模式感到厌倦，开发者们不得不从其他方面寻求突破，由此掀起了 FPS 游戏的一个新高潮。

两部划时代的作品同时出现在 1998 年——Valve 公司的《半条命》（Half-Life）和 LookingGlass 工作室的《神偷：暗黑计划》（Thief：The Dark Project）（见图 2-29），尽管此前的很多游戏也为引擎技术带来过许多新的特性，但没有哪款游戏能像《半条命》和《神偷》那样对后来的作品以及引擎技术的进化造成如此深远的影响。曾获得无数大奖的《半条命》采用的是 Quake 和 Quake II 引擎的混合体，Valve 公司在这两部引擎的基础上加入了两个很重要的特性：一是脚本序列技术，这一技术可以令游戏通过触动事件的方式让玩家真实地体验游戏情节的发展，这对于自诞生以来就很少注重情节的 FPS 游戏来说无疑是一次伟大的革命。第二个特性是对 AI 人工智能引擎的改进，敌人的行动与以往相比有了更为复杂和智能化的变化，不再是单纯地扑向枪口。这两个特点赋予了《半条命》引擎鲜明的个性，在此基础上诞生的《要塞小分队》、《反恐精英》和《毁灭之日》等优秀作品又通过网络代码的加入令《半条命》引擎焕发出了更为夺目的光芒。

图 2-29　《半条命》和《神偷：暗黑计划》的游戏画面

在人工智能方面真正取得突破的游戏是 Looking Glass 工作室的《神偷：暗黑计划》，游戏的故事发生在中世纪，玩家扮演一名盗贼，任务是进入不同的场所，在尽量不引起别人注意的情况下窃取物品。《神偷》采用的是 Looking Glass 工作室自行开发的 Dark 引擎，Dark 引擎在图像方面比不上《雷神之锤 2》或《虚幻》，但在人工智能方面它的水准却远远高于两者，游戏中的敌人懂得根据声音辨认玩家的方位，能够分辨出不同地面上的脚步声，在不同的光照环境下有不同的判断，发现同伴的尸体后会进入警戒状态，还会针对玩家的行动做出各种合理的反应，玩家必须躲在暗处不被敌人发现才有可能完成任务，这在以往那些纯粹的杀戮射击游戏中是根本见不到的。遗憾的是，由于 Looking Glass 工作室的过早倒闭，Dark 引擎未能发扬光大，除了《神偷：暗黑计划》外，采用这一引擎的只有《神偷 2：金属时代》和《系统震撼 2》等少数几款游戏。

受《半条命》和《神偷：暗黑计划》两款游戏的启发，越来越多的开发者开始把注意力从单纯的视觉效果转向更具变化的游戏内容，其中比较值得一提的是离子风暴工作室出品的《杀出重围》。《杀出重围》采用的是 Unreal 引擎，尽管画面效果十分出众，但在人工智能方面无法达到《神偷》系列的水准，游戏中的敌人更多的是依靠预先设定的脚本做出反应，即便如此，视觉图像的品质抵消了人工智能方面的缺陷，而真正帮助《杀出重围》在众多射击游戏中脱颖而出的是其独特的游戏风格，游戏含有浓重的角色扮演成分，人物可以积累经验、提高技能，还有丰富的对话和曲折的情节。同《半条命》一样，《杀出重围》的成功说明了叙事对第一人称射击游戏的重要性，能否更好地支持游戏的叙事能力成为了衡量引擎的一个新标准。

从 2000 年开始 3D 引擎朝着两个不同的方向分化，一是像《半条命》、《神偷》和《杀出重围》那样通过融入更多的叙事成分、角色扮演成分以及加强人工智能来提高游戏的可玩性，二是朝着纯粹的网络模式发展，在这方面 id Software 公司再次走到了整个行业的最前沿，在 Quake II 出色的图像引擎基础上加入更多的网络互动方式，破天荒地推出了一款完全没有单人过关模式的网络游戏——《雷神之锤 3 竞技场》（Quake III Arena），它与 Epic 公司之后推出的《虚幻竞技场》（Unreal Tournament）（见图 2-30）一同成为引擎发展史上一个新的转折点。

图 2-30　奠定新时代 3D 游戏标杆的《虚幻竞技场》

Epic 公司的《虚幻竞技场》虽然比《雷神之锤 3 竞技场》落后了一步，但如果仔细比较就会发现它的表现其实要略胜一筹。从画面方面看两者几乎相当，但在联网模式上，它不仅提供有死亡竞赛模式，还提供团队合作等多种网络对战模式，而且虚幻引擎不仅可以应用在动作射击游戏中，还可以为大型多人游戏、即时策略游戏和角色扮演游戏提供强有力的 3D 支持。Unreal 引擎在许可业务方面的表现也超过了 Quake III，迄今为止采用 Unreal 引擎制作的游戏大约已经有上百款，其中包括《星际迷航深度空间九：坠落》、《新传说》和《塞拉菲姆》等。

在 1998 年到 2000 年期间迅速崛起的另一款引擎是 Monolith 公司的 LithTech 引擎，这款引擎最初是用在机甲射击游戏《升刚》（Shogo）上的。LithTech 引擎的开发共花了整整五年时间，耗资 700 万美元。1998 年 LithTech 引擎的第一个版本推出之后立即引起了业界的注意，给当时处于白热化状态下的《雷神之锤 2》与《虚幻》之争泼了一盆冷水，采用 LithTech 第一代引擎制作的游戏包括《血兆 2》和《清醒》（Sanity）等。2000 年 LithTech 的 2.0 版本和 2.5 版本加入了骨骼动画和高级地形系统，给人留下深刻印象的《无人永生》（No One Lives Forever）以及《全球行动》（Global Operations）采用的就是 LithTech 2.5 引擎，此时的 LithTech 已经从一名有益的补充者变成了一款同 Quake III 和 Unreal Tournament 平起平坐的引擎。之后 LithTech 引擎的 3.0 版本也予发布，并且衍生出了"木星"（Jupiter）、"鹰爪"（Talon）、"深蓝"（Cobalt）和"探索"（Discovery）四大系统，其中"鹰爪"被用于开发《异形大战掠夺者 2》（Alien Vs. Predator 2），"木星"将用于《无人永生 2》的开发，"深蓝"用于开发 PS2 版《无人永生》。曾有业内人士评价，用 LithTech 引擎开发的游戏无一例外地都是 3D 类游戏的顶尖之作。

作为游戏引擎发展史上的一匹黑马，德国的 Crytek Studios 公司当之无愧，仅凭借一款《孤岛危机》游戏在当年的 E3 大展上惊艳四座，其 CryENGINE 引擎强大的物理模拟效果和自然景观技术足以和当时最优秀的游戏引擎相媲美。CryENGINE 具有许多绘图、物理和动画的技术以及游戏部分的加强，其中包括体积云、即时动态光影、场景光线吸收、3D 海洋技术、场景深度、物件真实的动态半影、真实的脸部动画、光通过半透明物体时的散射、 可破坏的建筑物、可破坏的树木、进阶的物理效果让树木对于风、雨和玩家的动作能有更真实的反应、载具不同部位造成的伤害、高动态光照渲染、可互动和破坏的环境、进阶的粒子系统等（见图 2-31）。

图 2-31　CryENGINE 引擎画面效果

如今虚幻和 CryENGINE 引擎都已经发展到了第四代，其他各大厂商的游戏引擎也层出不穷，越来越多的综合化游戏引擎加入到了一线主流的阵营当中，包括 Frostbite 霜寒引擎、Gamebryo 引擎、Source 起源引擎、Unity 引擎等。游戏引擎的不断更新发展代表了游戏制作技术的更迭，这也正是处于游戏引擎时代的游戏业前进和发展的根本源动力。

2.3.3　游戏引擎的功能及作用

虽然不同的游戏引擎有各自的特性功能和专属开发工具，但其承载的基本功能却大同小异，尤其是游戏美术师所使用的游戏引擎地图编辑器，下面就来简单了解一下游戏引擎场景地图编辑器所具备的基本功能。

▶ 1．地形编辑功能

地形编辑功能是三维游戏引擎地图编辑器的重要功能之一，也是其最为基础的功能。通常来说，三维网络游戏场景地图中的大部分地形、地表、山体等并非三维软件制作的模型，而是利用场景地图编辑器生成并编辑制作完成的，下面通过一块简单的地图地形的制作来了解场景地图编辑器的地形编辑功能。

根据游戏企划的内容，在确定了一块场景地图的大小之后，我们就可以通过场景地图编辑器正式进入场景地图的制作了。首先，需要根据规划的尺寸来生成一块地图区块，这就相当于 3ds Max 中的一个 Plane 面片模型，其中包含若干相等数量的横向和纵向的分段（Segment），分段之间所构成的一个矩形小格就是衡量地图区块的最小单位，我们就可以以此为标准来生成既定尺寸的场景地图（见图 2-32）。在生成场景地图区块之前，我们要对整个地图的基本地形环境有所把握，因为之后需要在生成的区块地形上进行编辑和制作各种山体以及地表结构。

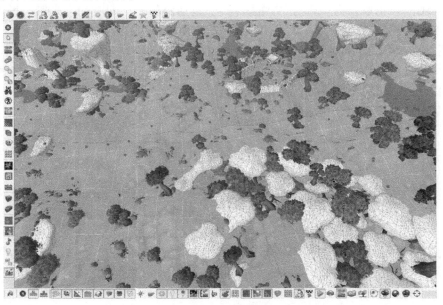

图 2-32　引擎编辑器中的地表网格

　　在地图区块创建完成后，通常会针对区块导入一张黑白地势高度图。黑白地势高度图是指利用黑白灰像素来定位地形起伏高度的地势图，通过导入地势图可以创建出大致的地形，便于从宏观把握地形的整体区域结构、位置和走势，为下一步绘制地形细节打下基础，相对于直接绘制地形也节省了大量的制作时间。地势高度图通常利用 Photoshop 等二维图像软件来进行绘制，图像中由黑到白的像素变化表示地形凸起的高度变化，图像的尺寸越大，包含的像素越丰富，最后生成的地形细节也越多（见图 2-33）。

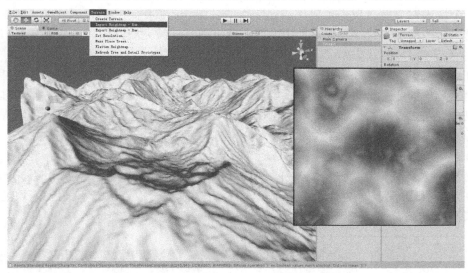

图 2-33　利用地势高度图生成基本场景地形

　　由于地势高度图并不规则，所以还要对创建出来的地形表面进一步编辑，刻画场景地形的细节，制作出符合我们需要的地形结构。这一步通常利用地图编辑器中的各种编辑笔刷来进行地表的绘制（见图 2-34）。

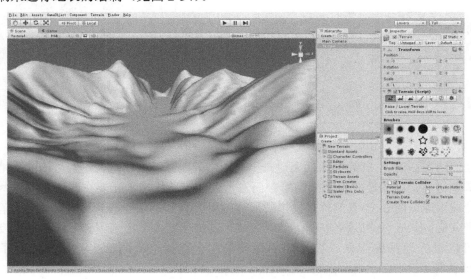

图 2-34　编辑绘制场景地形细节

引擎地图编辑器的地形编辑功能除了对地形地表的操作外，另一个重要的功能就是地形贴图的绘制。贴图绘制和模型编辑在场景地形制作上是相辅相成的，在模型编辑的同时还要考虑地形贴图的特点，只有相互配合才能完成最终场景地形的制作，下面我们就来了解一下地表贴图绘制的流程和基本原理。

从功能上来说，地图编辑器的笔刷分为两种：地形笔刷和材质笔刷。地形笔刷就是上面地表编辑功能中讲到的，而材质笔刷则用于场景地表贴图的绘制。在地图编辑器中包含一个地表材质库，我们可以将自己制作的贴图导入其中，之后可以在场景地图编辑器中调用这些贴图来绘制地表。地形贴图必须为四方连续无缝贴图，尺寸通常为 1024×1024 像素或 512×512 像素。

在前面的内容中讲过，场景地图中的地形区块其实就相当于 3ds Max 软件中的 Plane 模型，上面包含着众多的点、线、面，而地图编辑器绘制地表贴图的原理恰恰就是利用这些点、线、面。材质笔刷就是将贴图绘制在模型的顶点上，引擎程序通过计算地表模型顶点与顶点之间，还可以模拟出羽化的效果，形成地表贴图之间的完美衔接。因为要考虑到硬件和引擎运算的负担，场景地表模型的每一个顶点上不能同时绘制太多的贴图，一般来说同一顶点上的贴图数量不超过 4 张，不同的游戏引擎在这方面都有不同的要求和限制。下面简单模拟一下在同一张地表区块绘制不同地表贴图的效果（见图 2-35）。

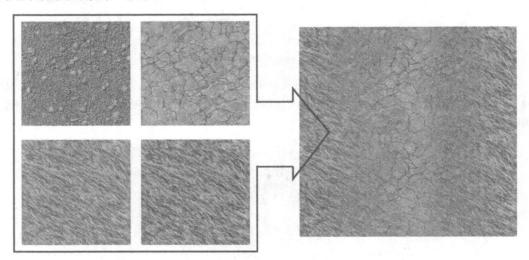

图 2-35　地表贴图绘制原理

我们用图 2-35 左侧的贴图代表地表材质库中的 4 张不同贴图，左上角的沙石地面为地表基本材质，我们要在地表中间绘制出右上角的道路纹理，还要在两侧绘制出两种颜色衔接的草地，图 2-35 右侧就是模拟的最终效果。具体绘制方法非常简单，材质笔刷就类似于 Photoshop 中的羽化笔刷，可以调节笔刷的强度、大小范围和贴图的透明度，然后就可以根据地形的起伏，在不同的地表结构上选择合适的地表贴图来绘制了（见图 2-36）。

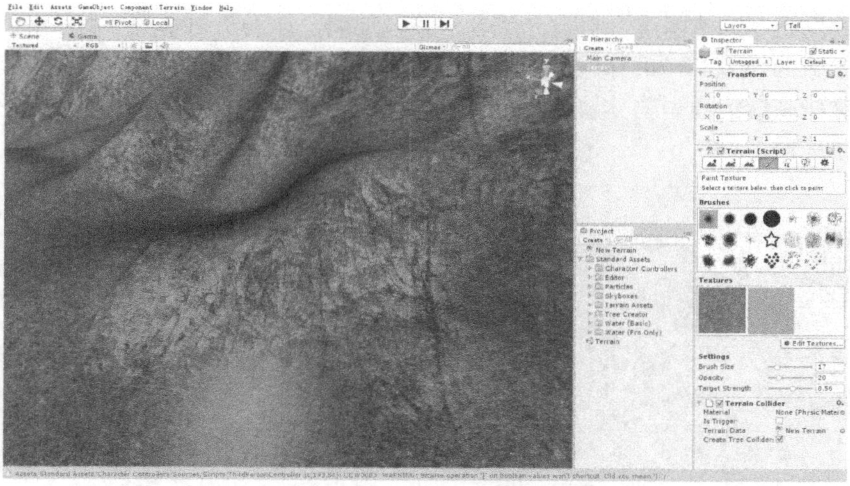

图 2-36　在地图编辑器中绘制地表贴图

2. 模型导入功能

在场景地图编辑器中完成地表的编辑制作后，就需要将三维软件制作的模型元素导入到地图编辑器中，进行局部场景的编辑和整合。在 3ds Max 软件中将场景模型制作完成后，通常要将模型的重心归置到模型的中心位置，并将模型移动到坐标系的原点，还要根据各自引擎和游戏的要求调整模型整体的大小比例。之后就要利用游戏引擎提供的导出工具，将模型从 3ds Max 中导出为游戏引擎特定格式的文件，并将其导入到游戏引擎的模型库中，这样场景地图编辑器就可以在场景地图中随时调用各种模型了。图 2-37 为虚幻 3 引擎场景地图编辑器操作界面，右侧的图形和列表窗口就是引擎的模型库，我们可以在场景编辑器中随时调用需要的模型，来进一步完成局部细节的场景制作。

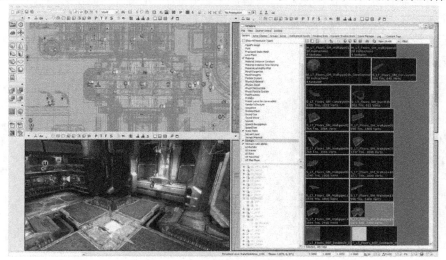

图 2-37　虚幻 3 引擎场景地图编辑器

3. 物体属性编辑设置

游戏引擎场景地图编辑器的另外一项功能就是设置模型物体的属性，这通常是高级游戏引擎具备的一项功能，主要是对场景地图中的模型物体进行更加复杂的属性设置，比如模型的反光度、透明度、自发光或者水体、玻璃、冰的折射率等参数（见图2-38）。这些具体参数的设置与 3ds Max 材质管理器中材质球上的参数设置方法和原理基本相同，通过这些高级的模型物体属性设置可以让游戏场景更加真实自然，同时也能体现游戏引擎的先进程度。

图 2-38　在场景地图编辑器中设置水面的反射和折射属性

4. 添加场景粒子特效及动画

当场景地图的制作大致完成后，通常需要进一步修饰和润色，最基本的手段就是添加粒子特效和场景动画，这些也是在场景地图编辑器中完成的。其实，粒子特效和场景动画的编辑和制作并不是在场景地图编辑器中进行的，游戏引擎通常会包含专门的特效及动画编辑器工具，其制作部分都是在专属编辑器中完成的。之后与模型的操作原理相同，需要把特效和动画导出为特定格式的文件，然后导入到游戏引擎的特效动画库中以供地图编辑器使用（见图2-39）。

图 2-39　在场景地图编辑器中添加粒子特效

2.3.4 世界主流游戏引擎

世界游戏制作产业发展进入到游戏引擎时代后，人们普遍明白了游戏引擎对于游戏制作的重要性，于是各家厂商都开始自主引擎的设计研发，到目前为止全世界已经署名并成功研发出的游戏作品的引擎有几十种，这其中有将近 10 款的世界级主流游戏引擎。所谓主流引擎就是指在世界范围内成功进行过多次软件授权的成熟商业游戏引擎，下面就来介绍几款世界知名的主流游戏引擎。

▶ 1. Unreal 虚幻引擎

自 1999 年具有历史意义的《虚幻竞技场》（Unreal Tournament）发布以来，该系列一直引领世界 FPS 游戏的潮流，完全不输于同期风头正盛的《雷神之锤》系列，从第一代虚幻引擎就展现了 Epic 公司对于游戏引擎技术研发的坚定决心，2006 年虚幻 3 引擎的问世，彻底奠定了虚幻作为世界级主流引擎以及 Epic 公司作为世界顶级引擎生产商的地位。

虚幻 3 引擎（Unreal Engine 3）是一套以 DirectX 9/10 图像技术为基础，为 PC、Xbox 360、PlayStation 3 平台准备的完整游戏开发构架，提供大量的核心技术阵列、内容编辑工具，支持高端开发团队的基础项目建设。虚幻 3 引擎的所有制作理念都是为了更加容易地进行制作和编程的开发，让所有美术人员在尽量牵扯最少程序开发内容的情况下使用辅助工具来自由创建虚拟环境，同时提供程序编写者高效率的模块和可扩展的开发构架，用来创建、测试和完成各种类型的游戏制作。

虚幻 3 引擎给人留下的最深印象就是其极其细腻的模型，通常游戏的人物模型由几百至几千个多边形面组成，而虚幻 3 引擎的进步之处就在于，制作人员可以创建一个数百万多边形面组成的超精细模型，并对模型进行细致的渲染，然后得到一张高品质的法线贴图。这张法线贴图中记录了高精度模型的所有光照信息和通道信息，在游戏最终运行的时候，游戏会自动将这张带有全部渲染信息的法线贴图应用到一个低多边形面数（通常多边形面在 5000～15000）的模型上，这样最终的效果就是游戏模型虽然多边形面数较少但却拥有高精度的模型细节，保证效果的同时在最大程度上节省了硬件的计算资源，如图 2-40 所示，这就是现在次时代游戏制作中常用的"法线贴图"技术，而虚幻 3 引擎也是世界范围内法线贴图技术的最早引领者。

图 2-40 利用高模映射烘焙是制作法线贴图的技术原理

除此之外，虚幻3引擎还具备64位色高精度动态渲染管道、支持众多光照和渲染技术、高级动态阴影、支持可视化阴影技术、强大的材质系统、模块化材质框架、场景无缝连接、动态细分、体积环境效果、刚体物理系统、符合物理原理的声音效果、高智能化AI系统、可视化物理建模等一系列世界最为先进的游戏引擎技术。

虚幻3引擎是近几年世界上最为流行的游戏引擎，基于它开发的大作无数，包括《战争机器》、《使命召唤3》、《彩虹六号：维加斯》、《虚幻竞技场3》、《荣誉勋章：空降神兵》、《镜之边缘》、《质量效应》、《战争机器2》、《最后的神迹》、《蝙蝠侠：阿卡姆疯人院》、《流星蝴蝶剑OL》、《质量效应2》等。

2009年11月，Epic公司携手硬件生产商NVIDIA公司联合推出了虚幻3引擎的免费版（Unreal Development Kit），此举也是NVIDIA想进一步拓展CUDA通用计算市场影响力而采取的赞助授权策略。开发包"UDK"包含完整的虚幻3引擎开发功能，除基本的关卡编辑工具Unreal Editor外，组件还包括Unreal Content Browser素材浏览器、UnrealScript面向对象编程语言、Unreal Kismet可视化脚本系统、Unreal Matinee电影化场景控制系统、Unreal Cascade粒子物理效果和环境效果编辑器、支持NVIDIA PhysX物理引擎的Unreal PhAT建模工具、Unreal Lightmass光照编辑器、AnimSet Viewer和AnimTree Editor骨骼、肌肉动作模拟等工具。

想要了解最新虚幻引擎技术，可以通过扫描图2-41的二维码来观看展示视频。

图 2-41　虚幻 4 引擎技术展示视频

2. CryEngine 引擎

2004年德国一家名叫Crytek的游戏工作室发行了自己制作的第一款FPS游戏《孤岛惊魂》（FarCry），这款游戏采用的是其自主研发的CryEngine引擎，这款游戏在当年的美国E3大展一亮相便获得了广泛的关注，其游戏引擎制作出的场景效果更称得上是惊艳。CryEngine引擎擅长超远视距的渲染，同时拥有先进的植被渲染系统，此外玩家在游戏关卡中不需要暂停来加载附近的地形，对于室内和室外的地形也可无缝过渡，游戏大量使用像素着色器，借助Crytek PolyBump法线贴图技术，使游戏中室内和室外的水平特征细节也得到了大幅提高。游戏引擎内置的实时沙盘编辑器（Sandbox Editor）可以让玩家很容易地创建大型户外关卡，加载测试自定义的游戏关卡，并即时看到游戏中的特效变化。虽然当时的CryEngine引擎与世界顶级的游戏引擎还有一定的距离，但所有人都看到了CryEngine引擎的巨大潜力。

2007年，美国EA公司发行了Crytek公司制作的第二部FPS游戏《孤岛危机》（Crysis），孤岛危机使用的是Crytek自主游戏引擎的第2代——CryEngine2，采用CryEngine2引擎所创造出来的世界可以说是一个令人震惊的游戏世界，引入白天和黑夜交替设计，静物与动植物的破坏、拣拾和丢弃系统，物体的重力效应，人或风力对植物、海浪的形变效应，爆炸的冲击波效应等一系列场景特效，其视觉效果直逼真实世界（见图 2-42）。

图 2-42   《孤岛危机》中超逼真的视觉画面效果

CryEngine2 引擎的首要特征就是卓越的图像处理能力，在 DirectX10 的帮助下引擎提供了实时光照和动态柔和阴影渲染支持，这一技术无需提前准备纹理贴图，就可以模拟白天和动态的天气情况下的光影变化，同时能够生成高分辨率、带透视矫正的容积化阴影效果，而创造出这些效果得益于引擎中所采用的容积化、多层次以及远视距雾化技术。同时，它还整合了灵活的物理引擎，使得具备可破坏性特征的环境创建成为可能，大至房屋建筑，小至树木都可以在外力的作用下实现坍塌断裂等毁坏效果，树木植被甚至是桥梁在风向或水流的影响下都能做出相应的力学弯曲反应。另外还有真实的动画系统，可以让动作捕捉器获得的动画数据与手工动画数据相融合，CE2 采用 CCD-IK、分析 IK、样本 IK 等程序化算法以及物理模拟来增强预设定动画，结合运动变形技术来保留原本基础运动的方式，使得原本生硬的动作模拟看起来变得自然逼真，使得如跑动转向的重心调整都表现了出来，而上下坡行走动作也与在平地上有所区别。Sandbox 游戏编辑器为游戏设计者和关卡设计师们提供了协同、实时的工作环境，工具中还包含地形编辑、视觉特征编程、AI、特效创建、面部动画、音响设计以及代码管理等工具，无需代码编译过程，游戏就可以在目标平台上进行生成和测试。

▶ 3. Frostbite 霜寒引擎

Frostbite 引擎是 EA DICE 开发的一款 3D 游戏引擎，主要应用于军事射击类游戏《战地》系列。该引擎从 2006 年起开始研发，第一款使用寒霜引擎的游戏是 2008 年上市的《战地：叛逆连队》。寒霜系列引擎至今为止共经历了三个版本的发展：寒霜 1.0、寒霜 1.5 和现在的寒霜 2.0。

寒霜 1.0 引擎首次使用是在 2008 年的《战地：叛逆连队》中，其中 HDR Audio 系统允许调整不同种类音效的音量来让玩家能在嘈杂的环境中听得更清楚，Destruction 1.0 摧毁系统允许玩家破坏某些特定的建筑物。寒霜 1.5 引擎首次应用在 2009 年的《战地 1943》中，引擎中的摧毁系统提升到了 2.0 版（Destruction 2.0），允许玩家破坏整栋建筑而不仅仅是一堵墙，2010 年的《战地：叛逆连队 2》也使用了这个引擎，同时也是该引擎第一次登陆 Windows 平台，Windows 版部分支持了 DirectX 11 的纹理特性，同年的荣誉勋章多人游戏模式也使用了该引擎。

最新一版寒霜 2.0 引擎随《战地 3》一同发布，它将完全利用 DirectX 11 API 和 Shader Model 5 以及 64 位性能，并将不再支持 DirectX 9，这也意味着采用寒霜 2 游戏引擎开发的游戏将不能在 XP 系统下运行。寒霜 2 支持目前业界中最大的材质分辨率，在 DX11 模式材质的分辨率支持度可以达到 16384×16384。寒霜 2 所采用的是 Havok 物理引擎中增强的第三代摧毁系统 Destruction 3.0，应用了非传统的碰撞检测系统，可以制造动态的破坏，物体被破坏的细节可以完全由系统实时演算渲染产生而非事先预设定，引擎理论上支持 100%物体破坏，包括载具、建筑、草木枝叶、普通物体、地形等，Frostbite2 引擎将是名副其实的次时代游戏引擎（见图 2-43）。

图 2-43   《战地 3》中的 Destruction 3.0 摧毁系统画面效果

4. Gamebryo 引擎

Gamebryo 引擎相比以上两款游戏引擎在玩家中的知名度略低，但提起《辐射 3》（见图 2-44）、《辐射：新维加斯》、《上古卷轴 4》以及《地球帝国》系列这几款大名鼎鼎的游戏作品，相信无人不知，而这几款游戏作品正是使用 Gamebryo 游戏引擎制作出来的。Gamebryo 引擎是 NetImmerse 引擎的后继版本，是由 Numerical Design Limited 最初开发的游戏中间层，在与 Emergent Game Technologies 公司合并后，引擎改名为 Gamebryo。

Gamebryo 游戏引擎是由 C++编写的多平台游戏引擎，其支持的平台有 Windows、Wii、PlayStation 2、PlayStation 3、Xbox 和 Xbox 360。Gamebryo 是一个灵活多变支持跨平台创作的游戏引擎和工具系统，无论是制作 RPG 或 FPS 游戏，或是一款小型桌面游戏，也无论游戏平台是 PC、Playstation 3、Wii 或者 Xbox360，Gamebryo 游戏引擎都能在设计制作过程中起到极大的辅助作用，提升整个项目计划的进程效率。

图 2-44　利用 Gamebryo 引擎制作的《辐射 3》游戏画面

　　灵活性是 Gamebryo 引擎设计原则的核心，由于 Gamebryo 游戏引擎具备超过 10 年的技术积累，使更多的功能开发工具以模块化的方式呈现，让开发者根据自己的需求开发各种不同类型的游戏。另外，Gamebryo 的程序库允许开发者在不需要修改源代码的情况下进行最大限度的个性化制作。强大的动画整合也是 Gamebryo 引擎的特色，引擎几乎可以自动处理所有的动画值，这些动画值可从当今热门的 DCC 工具中导出。此外，Gamebryo 的 Animation Tool 可使你混合任意数量的动画序列，创造出具有行业标准的产品，结合 Gamebryo 引擎中所提供渲染、动画及特技效果功能，来制作任何风格的游戏。

　　凭借着 Gamebryo 引擎具备的简易操作以及高效特性，不仅在单机游戏上，在网络游戏上也有越来越多的游戏产品应用这一便捷实用的商业化游戏引擎，在能保持画面优质视觉效果的前提下，能更好保持游戏的可玩性以及寿命。利用 Gamebryo 引擎制作的游戏有《轴心国和同盟军》、《邪神的呼唤：地球黑暗角落》、《卡米洛特的黑暗年代》、《上古卷轴 IV：湮没》、《上古卷轴 IV：战栗孤岛》、《地球帝国 II、III》、《辐射 3》、《辐射：新维加斯》、《可汗 II：战争之王》、《红海》、《文明 4》、《席德梅尔的海盗》、《战锤 Online：决战世纪》、《动物园大亨 2》等。此外，国内许多游戏制作公司也引进 Gamebryo 引擎制作了许多游戏作品，包括腾讯公司的《御龙在天》、《轩辕传奇》、《QQ 飞车》、烛龙科技的《古剑奇谭》、久游的《宠物森林》等。

▶5. BigWorld 大世界引擎

　　大多数游戏引擎的诞生以及应用更多地是对于单机游戏，而通常单机游戏引擎大多都不能直接对应网络或多人互动功能，需要加载另外的附件工具来实现，而 BigWorld 游戏引擎则恰恰是针对网络游戏提供的一套完整的技术解决方案。BigWorld 引擎全称为 BigWorld MMO Technology Suite，这一方案无缝集成了专为快速高效开发 MMO 游戏而设计的高性能服务器应用软件、工具集、高级 3D 客户端和应用编程接口（API）。

　　与大多数的游戏引擎生产商不同，BigWorld 引擎并不是由游戏公司开发出来的，Big World Pty Ltd 是一家私人控股公司，总部位于澳大利亚，BigWorld 公司是一家专门从事互动引擎技术开发的公司，在世界范围寻找适合的游戏制作公司，提供引擎授权合作服务。

BigWorld 游戏引擎被人们所知晓的原因是因为它造就了世界上最成功的 MMORPG 游戏——《魔兽世界》，而且 BigWorld 游戏引擎也是目前世界上唯一一套完整的服务器、客户端 MMOG 解决方案，整体引擎套件由服务器软件、内容创建工具、3D 客户端引擎、服务器端实时管理工具组成，让整个游戏开发项目避免了未知、昂贵和耗时的软件研发风险，从而使授权客户能够专注于游戏本质的创作。

作为一款专为网游而诞生的游戏引擎，其主要的特点都是以网游的服务端以及客户端之间的性能平衡为重心，BigWorld 游戏引擎拥有强大且具弹性的服务器架构，整个服务器端的系统会根据需要，以不被玩家察觉的方式重新动态分配各个服务器单元的作业负载流程，达到平衡的同时不会造成任何运作停顿并保持系统的运行连贯。应用引擎中的内容创建工具能快速实现游戏场景空间的构建，并且使用世界编辑器、模型编辑器以及粒子编辑器在减少重复操作的情况下创建出高品质的游戏内容。

随着新一代 BigWorld 2.0 游戏引擎的推出，在服务器端、客户端以及编辑器上都有更多的改进。在服务器端增加支持 64 位操作系统和更多的第三方软件进行整合，增强了动态负载均衡和容错技术，大大增加了服务器的稳定性。客户端上内嵌 Web 浏览器，实现在游戏的任何位置显示网页，支持标准的 HTML/CSS/JavaScript/Flash 在游戏世界里的应用，优化了多核技术的效果，使玩家电脑中每个处理器核心的性能都发挥得淋漓尽致。而在编辑器上则强化景深、局部对比增益、颜色色调映射、非真实效果、卡通风格边缘判断、马赛克、发光效果、夜视模拟等一些特效的支持，优化对象查找的功能让开发者可以更好地管理游戏中的对象。

国内许多网络游戏都是利用 BigWorld 引擎制作出来的，其中包括《天下 2》、《天下 3》、《创世西游》、《鬼吹灯 OL》、《三国群英传 OL2》、《侠客列传》、《海战传奇》、《坦克世界》、《创世 OL》、《天地决》、《神仙世界》、《奇幻 OL》、《神骑世界》、《魔剑世界》、《西游释厄传 OL》、《星际奇舰》、《霸道 OL》等。

▶ 6. id Tech 引擎

有人说 IT 行业是一个充满传奇的领域，诸如微软公司的比尔·盖茨、苹果公司的乔布斯，在行业不同时期的发展中总会诞生一些充满传奇色彩的人物，如果把盖茨和乔布斯看作传统计算机行业的传奇人物，那么约翰·卡马克就是世界游戏产业发展史上不输于以上两位的传奇。

1996 年《Quake》问世，约翰·卡马克带领他的 id Software 创造了三维游戏历史上的里程碑，他们将研发 Quake 的游戏编程技术命名为 id Tech 引擎，世界上第一款真正的 3D 游戏引擎就这样诞生了。在随后每一代《雷神之锤》系列的研发过程中，id Tech 引擎也在不断地进化。

《雷神之锤 2》所应用的 id Tech 2 引擎对硬件加速的显卡进行了全方位的支持，当时较为知名的 3D API 是 OpenGL，id Tech 2 引擎也因此重点优化了 OpenGL 性能，这也奠定了 id Software 公司系列游戏多为 OpenGL 渲染的基础。引擎同时对动态链接库（DLL）提供支持，从而实现了同时支持软件和 OpenGL 渲染的方式，可以在载入/卸载不同链接库的时候进行切换。利用 id Tech 2 引擎制作的代表游戏有《雷神之锤 2》、《时空传说》、《大刀》、《命运战士》等。约翰·卡马克在遵循 GNU 和 GPL 准则的情况下于 2001 年 12

月 22 日公布了此引擎的全部源代码。

伴随着 1999 年《雷神之锤 3》的发布，id Tech 3 引擎成为当时风靡世界的主流游戏引擎，id Tech 3 引擎已经不再支持软件渲染，必须要有硬件 3D 加速显卡才能运行。引擎增加了 32Bit 材质的支持，还直接支持高细节模型和动态光影。同时，引擎在地图中的各种材质、模型上都表现出了极好的真实光线效果，《Quake III》使用了革命性.MD3 格式的人物模型，模型的采光使用了顶点光影（vertex animation）技术，每一个人物都被分为不同段（头、身体等），并由玩家在游戏中的移动而改变实际的造型，游戏中真实感更强烈。《Quake III》拥有游戏内命令行的方式，几乎所有使用这款引擎的游戏都可以用"~"键调出游戏命令行界面，通过指令的形式对游戏进行修改，增强了引擎的灵活性。《Quake III》是一款十分优秀的游戏引擎，即使是放到今天来讲，这款引擎仍有可取之处，即使画质可能不是第一流的了，但是其优秀的移植性、易用性和灵活性使得它作为游戏引擎仍能发挥余热，使用《Quake III》引擎的游戏数量众多，比如早期的《使命召唤》系列、《荣誉勋章》、《绝地武士 2》、《星球大战》、《佣兵战场 2》、《007》、《重返德军总部 2》等。2005 年 8 月 19 日，id Software 在遵循 GPL 许可证准则的情况下开放了 id Tech 3 引擎的全部核心代码。

2004 年 id Software 公司的著名游戏系列《DOOM3》发布（见图 2-45），其研发引擎 id Tech 4 再次引起了人们的广泛关注。在《DOOM3》中，即时光影效果成了主旋律，它不仅实现了静态光源下的即时光影，最重要的是通过 Shadow Volume（阴影锥）技术让 id Tech 4 引擎实现了动态光源下的即时光影，这种技术在游戏中被大规模使用。除了 Shadow Volume 技术之外，《DOOM3》中的凹凸贴图、多边形、贴图、物理引擎和音效也都是非常出色的，可以说 2004 年《DOOM3》一推出，当时的显卡市场可谓一片哀嚎，GeForce FX 5800/Radeon 9700 以下的显卡基本丧失了高画质下流畅运行的能力，强悍能力也只有现在的《Crysis》能与之相比。由于 id Tech 4 引擎的优秀，后续有一大批游戏都使用了这款引擎，包括《DOOM3》资料片《邪恶复苏》、《Quake4》、《Prey》、《敌占区：雷神战争》和《重返德军总部》等。2011 年 id Software 公司再次决定将 id Tech 4 引擎的源代码进行开源共享。

图 2-45 《DOOM3》在当时是名副其实的显卡杀手

id Software 从没有停止过对游戏引擎技术探索的脚步，在 id Tech 4 引擎后又成功研发出功能更为强大的 id Tech 5 引擎。虽然随着网络游戏时代的兴起，id Tech 引擎可能不再如以前那样熠熠闪光，甚至会逐渐淡出人们的视野，但约翰·卡马克和 id Software 公司对于世界游戏产业的贡献永远值得人们尊敬，他们对于技术资源的共享精神也值得全世界所有游戏开发者学习。

7. Source 起源引擎

Valve（威乐）公司在开发第一代 Half Life 游戏时采用了 Quake 引擎，当他们开发续作 Half Life2 时，Quake 引擎已经略显老态，于是他们决定自己开发游戏引擎，这也成就了另一款知名的引擎——Source 引擎。

Source 引擎是一个真三维的游戏引擎，这个引擎提供关于渲染、声效、动画、抗锯齿、界面、网络、美工创意和物理模拟等全方面的支持。Source 引擎的特性是大幅度提升物理系统的真实性和渲染效果，数码肌肉的应用让游戏中人物的动作神情更为逼真，Source 引擎可以让游戏中的人物模拟情感和表达，每个人物的语言系统是独立的，在编码文件的帮助下，和虚拟角色间的交流就像真实世界中一样。Valve 在每个人物的脸部上面添加了 42 块"数码肌肉"来实现这一功能。嘴唇的翕动也是一大特性，因为根据所说话语的不同，嘴的形状也是不同的。同时为了与表情配合，Valve 公司还创建了一套基于文本文件的半自动声音识别系统（VRS），Source 引擎制作的游戏可以利用 VRS 系统在角色说话时调用事先设计好的单词口形，再配合表情系统实现精确的发音口形。Source 引擎的另外一个特性就是三维沙盒系统，可以让地图外的空间展示为类似于 3D 效果的画面，而不是以前呆板的平面贴图，从而增强了地图的纵深感觉，可以让远处的景物展示在玩家面前而不用进行渲染。Source 的物理引擎是基于 Havok 引擎的，但是进行了大量的几乎重写性质的改写，增添游戏的额外交互感觉体验。人物的死亡可以用称为布娃娃物理系统的部分控制，引擎可以模拟物体在真实世界中的交互作用而不会占用大量资源空间。

以起源引擎为核心搭建的多人游戏平台——Steam 是世界上最大规模的联机游戏平台，包括《胜利之日：起源》、《反恐精英：起源》和《军团要塞 2》，也是世界上最大的网上游戏文化聚集地之一。起源引擎所制作的游戏支持强大的网络连接和多人游戏功能，包括支持高达 64 名玩家的局域网和互联网游戏，引擎已集成服务器浏览器、语音通话和文字信息发送等一系列功能。

利用 Source 引擎开发的代表游戏有《Half life2》三部曲、《反恐精英：起源》、《求生之路》系列、《胜利之日：起源》、《吸血鬼》、《军团要塞 2》、《SiN Episodes》等。

8. Unity3D 引擎

随着智能手机在世界范围的普及，手机游戏成为网络游戏之后游戏领域另一个发展的主流趋势，过去手机平台上利用 Java 语言开发的平面像素游戏已经不能满足人们的需要，手机玩家需要获得与 PC 平台同样的游戏视觉画面，因此 3D 类手机游戏应运而生。

虽然像 Unreal 这类大型的三维游戏引擎也可以用于 3D 手机游戏的开发，但无论从工作流程、资源配置还是发布平台来看，大型 3D 引擎操作复杂、工作流程烦琐、需要硬件支持更高，本来自身的优势在手游平台上反而成了弱势。由于手机游戏容量小、流程短、操作性强、单机化等特点，从而决定了手游 3D 引擎在保证视觉画面的同时要尽可能对引擎自身和软件操作流程进行简化，最终这一目标被 Unity Technologies 公司所研发的 Unity3D 引擎所实现。

　　Unity3D 引擎自身具备所有大型三维游戏引擎的基本功能，例如高质量渲染系统、高级光照系统、粒子系统、动画系统、地形编辑系统、UI 系统、物理引擎等，而且整体的视觉效果也不亚于现在市面上的主流大型 3D 引擎（见图 2-46）。在此基础上，Unity3D 引擎最大的优势在于多平台的发布支持和低廉的软件授权费用。Unity3D 引擎不仅支持苹果 IOS 和安卓平台的发布，同时也支持对 PC、MAC、PS、Wii、Xbox 等平台的发布。除了授权版本外，Unity3D 还提供了免费版本，虽然简化了一些功能，但却为开发者提供了 Union 和 Asset Store 的销售平台，任何游戏制作者都可以把自己的作品放到 Union 商城上销售，而专业版 Unity3D Pro 的授权费用也足以让个人开发者承担得起，这对于很多独立游戏制作者无疑是最大的实惠。

图 2-46　U3D 制作的游戏画面并不亚于任何主流游戏引擎

　　Unity3D 引擎在手游研发市场所占的份额已经超过 50%，Unity3D 在目前的游戏制作领域中除了用作手机游戏的研发外，还用于网页游戏的制作，甚至许多大型单机游戏也逐渐开始购买 Unity3D 的引擎授权。虽然今天的 Unity3D 还无法跟 Unreal、CryEngine、Gamebryo 等知名引擎平起平坐，但可以肯定是 Unity3D 引擎具有巨大的潜力。

　　利用 Unity3D 引擎开发的手游和页游代表游戏有《神庙逃亡 2》、《武士 2 复仇》、《极限摩托车 2》、《王者之剑》、《绝命武装》、《AVP：革命》、《坦克英雄》、《新仙剑 OL》、《绝代双骄》、《天神传》、《梦幻国度 2》等。

CHAPTER

3

3ds Max游戏场景制作基础

3ds Max 全称为 3D Studio Max，是 Autodesk 公司开发的基于 PC 系统的三维动画渲染和制作软件，其前身是基于 DOS 操作系统的 3D Studio 系列软件，在 Windows NT 出现以前，工业级的 CG 制作都被 SGI 图形工作站所垄断，3D Studio Max + Windows NT 组合的出现一下子降低了 CG 制作的门槛。

作为最元老级的三维设计软件，3ds Max 和 Maya 一样都是具有独立完整设计功能的三维制作软件。在应用范围方面，广泛应用于广告、影视、工业设计、建筑设计、多媒体制作、游戏、辅助教学以及工程可视化等领域。在影视、广告、工业设计方面，相对来说可能 3ds Max 的优势并没有那么明显，但由于其堆栈操作的简单便捷，加上强大的多边形编辑功能，使得 3ds Max 在建筑设计方面显示出得天独厚的优势条件。Autodesk 公司最为完善的建筑设计解决方案——Autodesk Building Design Suite 建筑设计套件中选择 3ds Max 作为主要的三维设计制作软件，由此可见 3ds Max 在三维建筑制作领域的优势和地位，而在国内发展相对比较成熟的建筑效果图和建筑动画制作中，3ds Max 的使用率更是占据了绝对的优势。

自从 2005 年收购 Maya 软件的生产商 Alias 后，Autodesk 公司成为全球最大的三维设计和工程软件公司，在进一步加强 Maya 整体功能的同时，Autodesk 公司并没有停止对 3ds Max 的研究与开发，从 3ds Max 1.0 开始到经典的 3ds Max 7.0、8.0、9.0 再到最新的 3ds Max 2015，每一代的更新都在强化旧有的系统并不断增加强大的新功能，同时还整合 Maya 软件的部分优秀理念，力求让 3ds Max 成为世界上最为专业和强大的三维设计制作软件。

在前面章节中提到过，由于游戏引擎和程序接口等方面的原因，国内大多数游戏公司选择 3ds Max 作为主要的游戏三维设计软件，而对于三维游戏场景制作来说，3ds Max 更是最佳的首选软件。本章就带领大家学习和了解 3ds Max 软件的操作、命令以及使用技巧。

3.1　3ds Max 在游戏场景制作中的应用

建筑是三维游戏场景的重要组成元素，通过各种单体建筑模型组合而成的建筑群落是构成野外游戏场景的主体要素，即使在远离城市村落的荒郊野外，也需要适量的场景道具模型或者单体建筑模型加以点缀，所以在三维游戏场景的制作中制作建筑模型仍然是 3ds Max 最主要的作用之一。

如果除去游戏中的主城、地下城等大面积纯建筑形式的场景以外，3D 网络游戏野外场景中的建筑模型还包括：野外村落及相关附属的场景道具模型；特定地点的建筑模型，如独立的宅院、野外驿站、寺庙、怪物营地等；各种废弃的建筑群遗迹；野外用于点缀装饰的场景道具模型，如雕像、栅栏、路牌等（见图 3-1）。

在网络游戏场景制作中需要用到大量花草树木等植物模型，这些都是通过 3ds Max 来制作完成的，制作完成后的模型导入到游戏引擎中，以供地图编辑器"种植"使用。通常植物叶片部分可以做动画处理，使其显得更加生动自然，从"省面"的角度出发植物叶片部分都是由镂空贴图来制作的，具体内容在后面的实例章节中再详细讲解（见图 3-2）。

图 3-1 游戏中的场景道具模型

图 3-2 游戏场景中的树木模型

　　在游戏野外场景制作中，大面积的山体通常是由地图编辑器完成的，这些山体形态往往过于圆滑，只能作为地图地表和场景远景来使用，要想得到造型更加丰富、质感更加坚硬的岩体则必须通过 3ds Max 来制作。3ds Max 制作出的山石模型不仅可以用作大面积的山体造型，还可以作为场景道具来点缀游戏场景，丰富场景细节。

　　在个别情况下游戏引擎地图编辑器对于地表环境的编辑无法达到预期的效果，这时就需要通过 3ds Max 来代替地图编辑器制作地形地表结构，如图 3-3 中的悬崖场景，悬崖的形态结构极具特点，同时还要配合悬崖上的建筑和悬崖侧面的木梯栈道，这就需要 3ds Max 根据具体的场景特点来制作地表结构，有时还需要模型和编辑器共同配合制作。

图 3-3　3ds Max 制作的地表模型

　　粒子特效和场景动画是游戏野外场景中后期用于整体修饰和优化的重要手段，粒子和动画的前期制作也是通过 3ds Max 来完成的，如图 3-4 中这种大型的场景特效可以在 3ds Max 中直接与建筑模型制作绑定到一起，而对于小型的场景特效，如落叶、流光、树阴下的透光、局部的天气效果等，在 3ds Max 中制作完成后要导入到游戏引擎中，方便之后地图编辑器随时调用。

图 3-4　游戏场景特效

3.2　3ds Max 软件主界面操作

　　点击图标启动软件，展开的窗口就是 3ds Max 的操作主界面，3ds Max 的界面从整体来看主要分为：菜单栏、快捷按钮区、快捷工具菜单、工具命令面板区、动画与视图操作区以及视图区六大部分（见图 3-5）。

其中快捷工具菜单，也叫"石墨"工具栏，是在 3ds Max 2010 版本才加入的。在 3ds Max 2010 版本发布的时候，Autodesk 公司同时宣布启动一项名为"Excalibur"的全新发展计划，简称"XBR 神剑计划"。这是 Autodesk 对于 3ds Max 软件的一项全新的发展重建计划，主要针对 3ds Max 的整体软件内核效能、UI 交互界面以及软件工作流程等进行重大的改进发展与变革，计划通过三个阶段来完成，而 3ds Max 2010 就是第一阶段的开始。

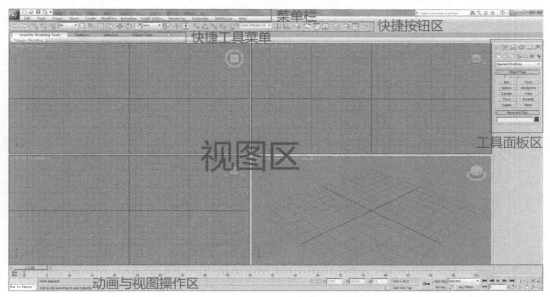

图 3-5　3ds Max 的软件主界面

3ds Max 2010 版本以后，软件在建模、材质、动画、场景管理以及渲染方面较之前都有了大幅度的变化和提升。其中，窗口及 UI 界面较之前的软件版本变化很大，但大多数功能对于三维游戏场景建模来说并不是十分必要的功能，而基本的多边形编辑功能并没有很大的变化，只是在界面和操作方式上做了一定的改动。所以在软件版本的选择上并不一定要用新版，还是要综合考虑个人电脑的配置，实现性能和稳定性的良好协调。

对于三维游戏场景美术制作来说，主界面中最为常用的是快捷按钮区、工具命令面板区以及视图区。菜单栏虽然包含众多的命令，但实际建模操作中用到的很少，菜单栏中常用的几个命令也基本包括在快捷按钮区中，只有 File（文件）和 Group（组）菜单比较常用。

File 菜单就是主界面左上角的 3ds Max Logo 按钮，点击可弹出文件菜单（见图 3-6）。文件菜单包括：New（新建场景文件）、Reset（重置场景）、Open（打开场景文件）、Save（存储场景文件）、Save As（另存场景文件）、Import（导入）、Export（导出）、Send to（发送文件）、References（参考）、Manage（项目管理）、Properties（文件属性）等命令。其中，Save As 可以帮助我们在制作大型场景时，将当前场景文件进行备存，Import 和 Export 命令可以让模型以不同的文件格式进行导入和导出。另外，文件菜单右侧会显示我们最近打开过的 3ds Max 文件。

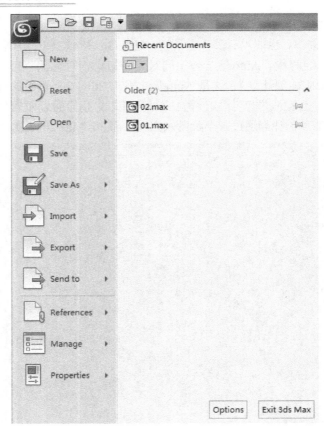

图 3-6　File 文件菜单

图 3-7　Group 组菜单

3ds Max 菜单栏第四项是 Group 组菜单（见图 3-7），在菜单列表中有 8 项命令，其中前 6 项是常用命令，包括 Group（编组）、Ungroup（解组）、Open（打开组）、Close（关闭组）、Attach（结合）、Detach（分离）等。

　　Group 编组：选中想要编辑成组的所有模型物体，点击 Group 命令就可以将其编辑成组。所谓的组就是指模型物体的集合，成组后的模型物体将变为一个整体，遵循整体命令操作。

　　Ungroup 解组：与 Group 命令恰恰相反，是将选中的编组解体的操作命令。

　　Open 打开组：如果在模型编辑成组以后还想要对其中的个体进行操作，那么就可以利用这个命令。组被打开以后模型集合周围会出现一个粉红色的边框，这时就可以对其中的个体模型进行编辑操作。

　　Close 关闭组：与 Open 命令相反，是将已经打开的组关闭的操作命令。

　　Attach 结合进组：如果想要把一个模型加入已经存在的组，可以利用这个命令。具体操作为：选中想要进组的模型物体，点击 Attach 命令，然后单击组或者组周围的粉红色边框，这样模型物体就加入到了已存在的编组当中。

　　Detach 分离出组：与 Attach 命令相反，是将模型物体从组中分离的操作命令。首先需要将组打开，选中想要分离出组的模型物体，然后点击 Detach 命令，这样模型物体就从组中分离出去了。

Explode 炸组和 Assembly 组装：在游戏制作中很少使用，这里不做过多讲解。

编组命令在制作大型场景的时候非常有用，可以更加方便地对场景中的大量模型物体进行整体和局部操作。接下来我们针对快捷按钮区的每一组按钮进行详细讲解。

▶ 1. 撤销与物体绑定按钮组（见图3-8）

图3-8　撤销与物体绑定按钮组

Undo 撤销按钮：这个按钮用来取消刚刚进行的上一步操作，当自己感觉操作有误想返回前一步操作时可以执行这个命令，快捷键是"Ctrl+Z"。MAX 默认的撤销步数为 20步，其实这个数值是可以设置的，在菜单栏"自定义（Customize）"一栏中选择最后一项"参考设置（Preferences）"选项，在"常规（General）"选项栏下第一项"撤销场景步数（Scene undo levels）"中即可设置想要的数值（见图3-9）。

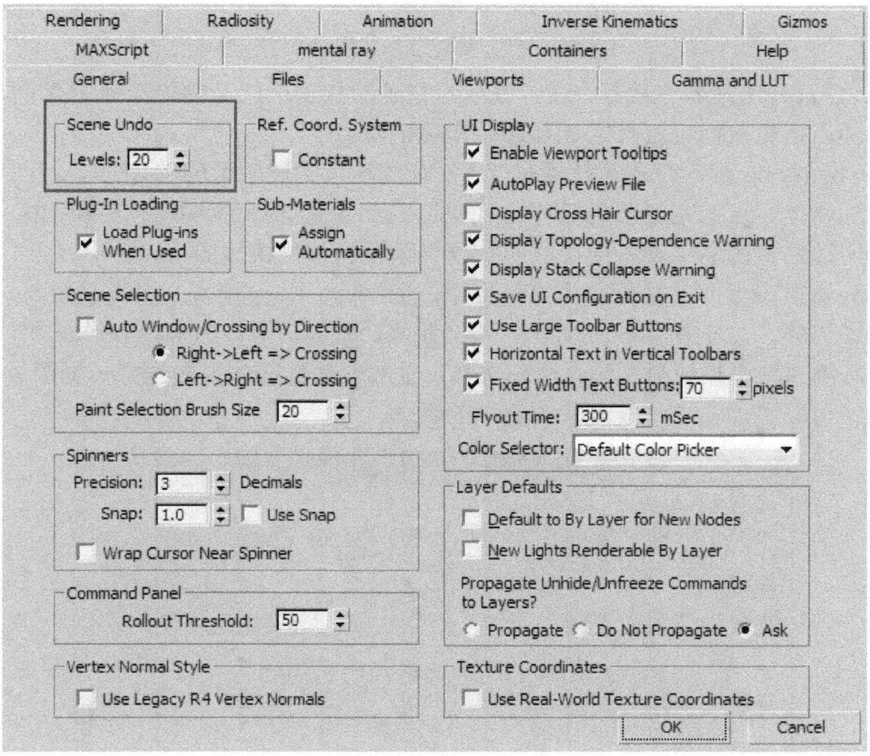

图3-9　设置撤销步数

Redo 取消撤销按钮：当执行撤销命令后，想取消撤销操作并返回最后一步操作时执行此命令，快捷键为"Ctrl+Y"。

Select and Link 物体选择绑定按钮：假设在场景中有 A 物体和 B 物体，想要让 B 成为 A 的附属物体，并且在 A 进行移动、旋转、缩放的时候 B 也随之进行，那么就要应用到此命令。具体操作为：先选中 B 物体，点击绑定按钮，然后将鼠标移动到 B 物体上出现绑定图标，按住鼠标左键拖曳到 A 物体上即完成绑定操作。此时 B 物体成为 A 物体的子级物体，同样 A 就成为 B 的父级物体，在层级关系列表中也可以查看，父级物体能影响子物体，反之则不可。

这项命令在游戏场景制作中十分重要，比如在一个复合场景建筑中，把一座宫殿和它附属的回廊、阙楼以及相关建筑绑定到一起，对于场景的整体操作将变得十分方便快捷，"成组（Group）"命令也有异曲同工的作用。

Unlink Selection 取消绑定按钮：假设 A 物体和 B 物体之间存在绑定关系，如果想要取消他们之间的绑定则应用此命令。具体操作为：同时选中 A 物体和 B 物体，点击此按钮就可将绑定关系取消。

Band to Space Warp 空间绑定按钮：主要针对 MAX 的空间和力学系统，在游戏场景制作中较少会涉及，因此这里不做详细讲解。

▶2. 物体选择按钮组（见图 3-10）

图 3-10 物体选择按钮组

Select Object 选择物体按钮：通常鼠标为指针的状态下就是物体选择模式，单个点击为单体选择，拖曳鼠标可进行区域选择，快捷键为"Q"。

Select by Name 物体列表选择按钮：在复杂的场景文件中可能包含几十、上百甚至几百个的模型物体，要想用通常的选择方式快速找到想要选择的物体几乎不可能，通过物体列表将所选物体的名字输入便可立即找到该模型物体，快捷键为"H"。

选择列表窗口上方从左至右为显示类型，依次为：几何模型、二维曲线、灯光、摄像机、辅助物体、力学物体、组物体、外部参照、骨骼对象、容器、被冻结物体以及隐藏物体，右侧的三个按钮分别为：全部选择、全部取消选择和反向选择（见图 3-11）。通过分类选择可以更加快速地找到想要选择的物体。

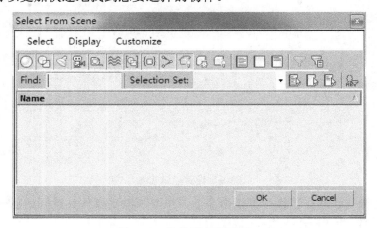

图 3-11 物体列表选择窗口

Rectangular Selection Region 区域选择按钮：在鼠标选择状态下单击拖动即可出现区域选择框，对多个物体进行整体选择。按住区域选择按钮会出现按钮下拉列表，可以选择不同的区域选择方式，依次分别为：矩形选区、圆形选区、不规则直线选区、曲线选区和笔刷选区（见图 3-12）。

图 3-12　区域选择方式

Window/Crossing 半选/全选模式按钮：默认状态下为半选模式，即与复选框接触到就可以被选中。点击该按钮进入全选模式，在全选模式下物体必须全部纳入到复选框内才能被选中。

3. 物体基本操作与中心设置按钮组（见图 3-13）

图 3-13　物体基本操作与中心设置按钮组

Move 移动按钮：选择物体点击此按钮便可在 X、Y、Z 三个轴向上完成物体的移动位移操作，快捷键为"W"。

Rotate 旋转按钮：选择物体点击此按钮便可在 X、Y、Z 三个轴向上完成物体的旋转操作，快捷键为"E"。

Scale 缩放按钮：选择物体点击此按钮便可在 X、Y、Z 三个轴向上完成物体的缩放操作，快捷键为"R"。

以上三种操作是 3ds Max 中模型物体最基本的三种操作方式，也是最常用的操作命令。在三个按钮下右键单击会出现参数设置窗口，可以通过数值控制的方式对模型物体进行更为精确的移动、旋转和缩放操作。

Use Povit Point Center 中心设置按钮：点击此按钮会出现下拉按钮列表，分别为：将全部选择物体的中心设定为物体各自重心的中心点，将全部物体中心设定为整体区域中心，将全部物体中心设定为参考坐标系原点。

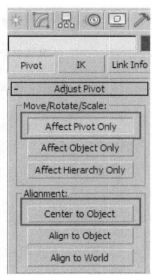

这里涉及到一个小技巧，如果物体的重心出现偏差不在原来自身的重心位置怎么办？在主界面右侧工具面板区域中，选择第三个"层级（Hierarchy）"面板，然后在第一个标签栏"重心（Pivot）"下可以进行相应设置，同时还可以重置物体重心（见图 3-14）。

图 3-14　物体重心的设置

4. 捕捉按钮组（见图 3-15）

图 3-15　捕捉按钮组

捕捉（Snaps）中分为标准捕捉（Standard）和 Nurbs 捕捉，在每种捕捉中都可以捕捉到一些特定的元素。比如，在标准捕捉中可以捕捉顶点、中点、面、垂足等元素，这些可以在栅格和捕捉设置（Grid and Snap Settings）对话框中进行设置（见图 3-16）。对于具体的设置这里不做过多讲解，这里有针对性地讲一下游戏场景制作中经常能用到的一条命令设置——按设定角度旋转命令。通过对"角度（Angle）"参数的设置，可以让选中的物体按事先设定角度的倍数进行旋转操作，这对于模型操作中大幅度旋转和精确旋转非常有用。

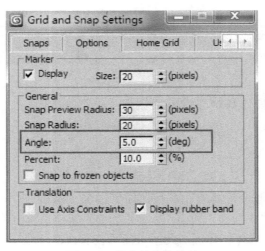

图 3-16　设定按角度旋转

▶ 5. 镜像、对齐、层级、石墨工具、动画编辑、材质及渲染按钮组（见图 3-17）

图 3-17　镜像、对齐、层级、石墨工具、动画编辑、材质及渲染按钮组

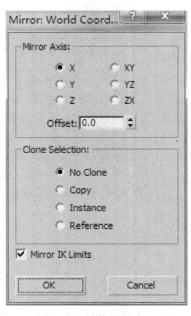

图 3-18　镜像设置窗口

　　Mirror 镜像按钮： 将选择的物体进行镜像复制，选择物体点击此按钮后会出现镜像设置窗口（见图 3-18），可以设置镜像的"参考轴向（Mirror Axis）"、"镜像偏移（Offset）"以及"克隆方式（Clone Selection）"等。在克隆方式中如果选择第一项"不进行克隆（No Clone）"那么最终将选择的物体进行镜像后不会保留原物体。如果想要将多个物体进行整体镜像操作，可以将全部物体编辑成组后再进行镜像操作。

　　Align 对齐按钮： 假如有 A 物体和 B 物体，选择 A 物体然后单击对齐按钮，在 B 物体上单击便会出现对齐设置窗口，可以设置对齐轴向和对齐方式（见图 3-19）。在第一栏"对齐位置（Align Position）"面板框中，上面三个勾选框分别为按照 X、Y、Z 三个相应轴向进行对齐操作，下面 Current Object 为当前选择物体，Target Object 为目标对齐物体，下面选框中分别按照不同的对齐方式进行对齐操作，常用的为"Pivot Point（重心点）"对齐。

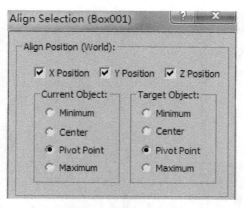

图 3-19　对齐设置窗口

Graphite Modeling Tools 石墨工具：用来显示和关闭石墨快捷工具菜单，这是在 3ds Max 2010 版本后加入的新功能，主要以更加快捷直观的操作方式来进行模型编辑和制作，其中的命令和参数与堆栈参数编辑面板中一致，这里不做过多讲解，具体内容在后面的模型制作章节会详细讲到。

层级及动画编辑按钮：在游戏场景制作中较少应用，这里不做过多讲解。

Material Editor 材质编辑器按钮：此按钮用来开启材质编辑器，对模型物体的材质和贴图进行相关设置，快捷键为"M"。具体内容会在后面的贴图制作章节详细讲解。

Quick Render 快速渲染按钮：将所选视图中的模型物体用渲染器进行快速预渲染，快捷键为"Shift+Q"。这里主要用于 CG 及动画制作，游戏画面一般采用游戏引擎即时渲染的方式，所以对渲染方面的设置这里不做过多讲解。

3.3　3ds Max 软件视图操作

视图作为 3ds Max 软件中的可视化操作窗口，是三维制作中最主要的工作区域，熟练掌握 3ds Max 视图操作是日后游戏三维美术设计制作最基础的能力，而操作的熟练程度也直接影响着项目的工作效率和进度。

在 3ds Max 软件界面的右下角就是视图操作按钮，按钮不多却涵盖了几乎所有的视图基本操作，但其实在实际制作中这些按钮的实用性并不大，因为如果仅靠按钮来完成视图操作那么整体制作效率将大大降低。在实际三维设计和制作中更多的是用每个按钮相应的快捷键来代替点击按钮操作，能熟练运用快捷键来操作 3ds Max 软件也是游戏三维美术师的基本标准之一。

3ds Max 视图操作从宏观来概括主要包括以下几个方面：视图选择与切换、单视图窗口的基本操作以及视图中右键菜单的操作，下面针对这几个方面进行详细讲解。

1. 视图选择与快速切换

3ds Max 软件中视图默认的经典模式是"四视图"，即顶视图、正视图、侧视图和透视图。但这种四视图的模式并不是唯一的、不可变的，在视图左上角"+"字体下单击出现的菜单中，最后一项 Configuration Viewports 会出现视图设置窗口，在 Layout（布局）标签栏下就可以针对自己喜欢的视图样式进行选择（见图 3-20）。

73

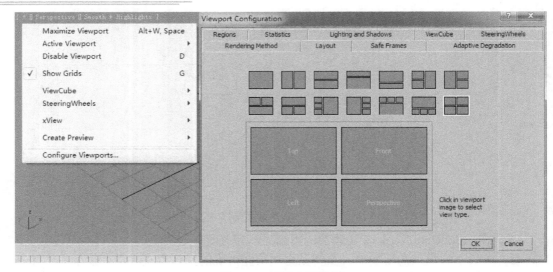

图 3-20　视图布局设置

在游戏场景制作中，最为常用的多视图格式还是经典四视图模式，因为在这种模式下不仅能显示透视或用户视图窗口，还能显示 Top、Front、Left 等不同视角的视图窗口，让模型的操作更加便捷、精确。在选定好的多视图模式中，把鼠标移动到视图框体边缘可以自由拖动调整各视图之间的大小，如果想要恢复原来的设置，只需要把鼠标移动到所有分视图框体交接处，在出现移动符号后，右键单击 Reset Layout（重置布局）即可。

下面简单介绍一下不同的视图角度：经典四视图中的 Top 视图是指从模型顶部正上方俯视的视角，也称为顶视图；Front 视图是指从模型正前方观察的视角，也称为正视图；Left 视图是指从模型正侧面观察的视角，也称为侧视图；Perspective 视图也就是透视图，是以透视角度来观察模型的视角（见图 3-21）。除此以外，常见的视图还包括 Bottom（底视图）、Back（背视图）、Right（右视图）等，分别是顶视图、正视图和侧视图的反向视图。

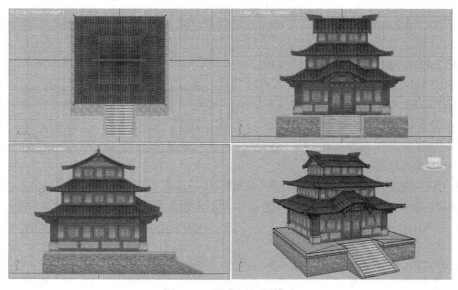

图 3-21　经典四视图模式

在实际的模型制作中，透视图并不是最为适合的显示视图，最为常用的通常为

Orthographic（用户视图），它与透视图最大的区别是：用户视图中的模型物体没有透视关系，这样更利于在编辑和制作模型时对物体的观察（见图 3-22）。

图 3-22　透视图与用户视图的对比

在视图左上角"+"右侧有两个选项，用鼠标点击可以显示菜单选项（见图 3-23）。图 3-24 左侧的菜单是视图模式菜单，主要用来设置当前视图窗口的模式，包括：摄像机视图、透视图、用户视图、顶视图、底视图、正视图、背视图、左视图、右视图等，分别对应的快捷键为："P"、"U"、"T"、"B"、"F"、"无"、"L"、"无"。在选中的当前视图下或者单视图模式下，都可以直接通过快捷键来快速切换不同角度的视图。多视图和单视图切换的默认快捷键为"Alt+W"。当然，所有的快捷键都是可以设置的，编者本人更愿意把这个快捷键设定为"空格"键，即 Space。

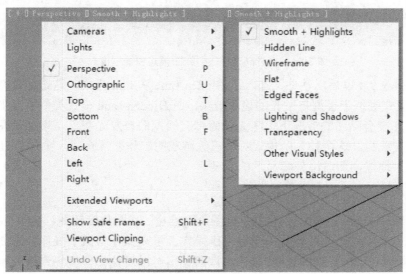

图 3-23　视图模式菜单和视图显示模式菜单

在多视图模式下想要选择不同角度的视图，只需要单击相应视图即可，被选中的视图周围出现黄色边框。这里涉及到一个实用技巧：在复杂的包含众多模型的场景文件中，如果当前正选择了一个模型物体，而同时想要切换视图角度，如果直接左键单击其他视图，在视图被选中的同时也会丢失对模型的选择。如何避免这个问题呢？其实很简单，只需要右键单击想要选择的视图即可，这样既不会丢失模型的选择状态，同时还能激活想要切换的视图窗口，这是在实际软件操作中经常用到的一个技巧。

图 3-23 右侧的菜单是视图显示模式菜单，主要用来切换当前视窗模型物体的显示方式，包括5种显示模式：光滑高光模式（Smooth + Highlights）、屏蔽线框模式（Hidden Line）、线框模式（Wireframe）、自发光模式（Flat）以及线面模式（Edged Faces）。

Smooth + Highlights 模式是模型物体的默认标准显示方式，在这种模式下模型受 3ds Max 场景中内置灯光的光影影响；在 Smooth + Highlights 模式下可以同步激活 Edged Faces 模式，这样可以同时显示模型的线框；Wireframe 模式就是隐藏模型实体，只显示模型线框的显示模式。不同模式可以通过快捷键来进行切换，"F3"键可以切换到"线框模式"，"F4"键可以激活"线面模式"。通过合理的显示模式的切换与选择，可以更加便于模型的制作。图 3-25 分别为这三种模式的显示方式（见图 3-24）。

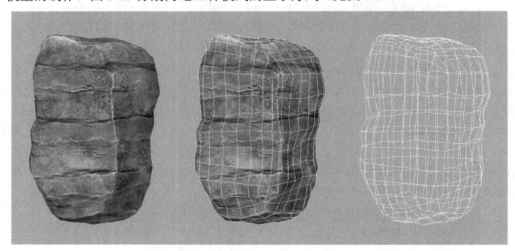

图 3-24　光滑高光模式、线面模式和线框模式

在 3ds Max 9.0 以后，软件又加入了 Hidden Line 和 Flat 模式，这是两种特殊的显示模式。Flat 模式类似于模型自发光的显示效果，而 Hidden Line 模式类似于叠加了线框的 Flat 模式，在没有贴图的情况下模型显示为带有线框的自发光灰色，添加贴图后同时显示贴图与模型线框。这两种显示模式对于三维游戏的制作非常有用，尤其是 Hidden Line 模式可以极大地提高即时渲染和显示的速度。

2. 单视图窗口的基本操作

单视图窗口的基本操作主要包括：视图焦距推拉、视图角度转变、视图平移操作等。视图焦距推拉主要用于视图整体操作与精确操作、宏观操作与微观操作的转变；视图推进可以进行更加精细的模型调整和制作；视图拉出可以对整体模型场景进行整体调整和操作，快捷键为"Ctrl+Alt+鼠标中键点击拖动"，在实际操作中更为快捷的操作方式可以用鼠标滚轮来实现，滚轮往前滚动为视图推进，滚轮往后滚动为视图拉出。

视图角度转变主要用于模型制作时进行不同角度的视图旋转，方便从各个角度和方位对模型进行操作。具体操作方法为：同时按住"Alt"键与鼠标中键，然后滑动鼠标进行不同方向的转动操作。右下角的视图操作按钮中还可以设置不同轴向基点的旋转，最为常用的是 Arc Rotate Subobject，是以选中物体为旋转轴向基点进行视图旋转。

视图平移操作方便在视图中进行不同模型间的查看与选择，按住鼠标中键就可以进行上下左右不同方位的平移操作。在 3ds Max 右下角的视图操作按钮中按住 Pan View 按钮可以切换为 Walk Through（穿行模式），这是 3ds Max 8.0 后增加的功能，这个功能对于游戏制作尤其是三维场景制作十分有用。将制作好的三维游戏场景切换到透视图，然后通过穿行模式可以以第一人称视角的方式身临其境地感受游戏场景的整体氛围，从而进一步发现场景制作中存在的问题，方便之后的修改。在切换为穿行模式后鼠标指针会变为圆形目标符号，通过"W"和"S"键可以控制前后移动，"A"和"D"键控制左右移动，"E"和"C"键控制上下移动，转动鼠标可以查看周围场景，通过"Q"键可以切换行动速度的快慢。

这里还要介绍一个小技巧：如果在一个大型复杂的场景制作文件中，当我们选定一个模型后进行视图平移操作，或者通过模型选择列表选择了一个模型物体，想快速将所选的模型归位到视图中央。这时可以通过一个操作来实现视图中模型物体的快速归位，那就是快捷键"Z"，无论当前视图窗口与所选的模型物体处于怎样的位置关系，只要敲击键盘上的"Z"键，都可以让被选模型物体在第一时间迅速移动到当前视图窗口的中间位置。如果当前视图窗口中没有被选择的物体，这时"Z"键将整个场景中所有物体作为整体显示在视图屏幕的中间位置。

在 3ds Max 2009 版本后软件加入了一个有趣的新工具——ViewCube（视图盒），这是一个显示在视图右上角的工具图标，它以三维立方体的形式显示，并可以进行各种角度的旋转操作（见图 3-25）。盒子的不同面代表了不同的视图模式，通过鼠标点击可以快速切换各种角度的视图，点击盒子左上角的房屋图标可以将视图重置到透视图坐标原点的位置。

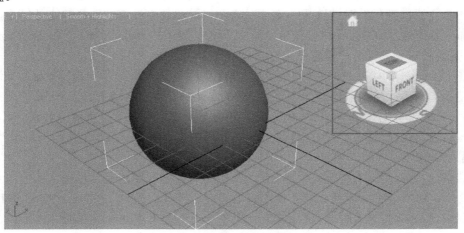

图 3-25　ViewCube 视图盒

另外，在单视图和多视图切换时，特别是切换到用户视图后，再切回透视图经常会发现透视角度会发生改变，这里的视野角度是可以设定的，在视图左上角"+"菜单下的 Configuration Viewports 选项中 Rendering Method 标签栏右下角可以用具体数值来设定视野角度，通常默认的标准角度为 45°（见图 3-26）。

77

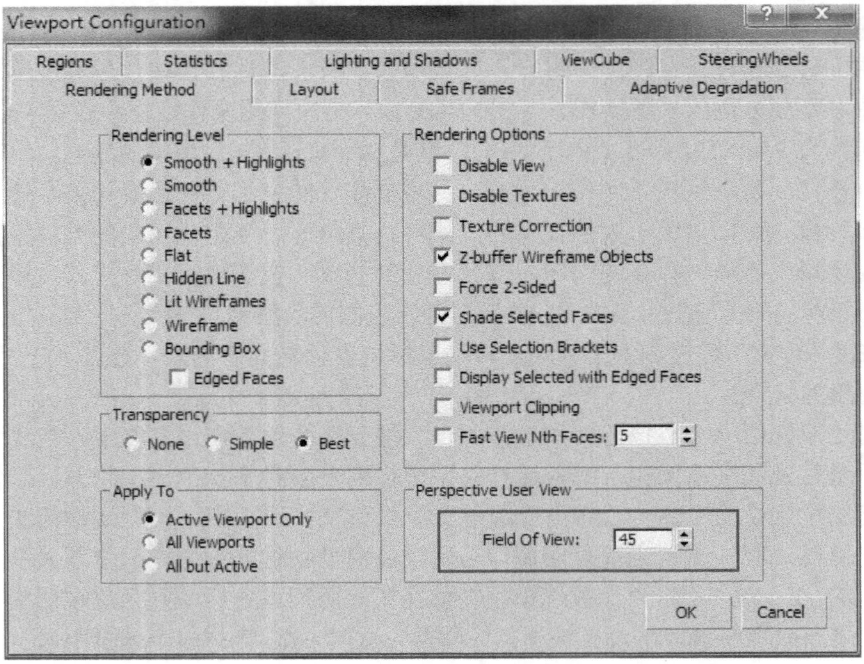

图 3-26　视野透视程度的设定

3. 视图中右键菜单的操作

3ds Max 的视图操作除了上面介绍的基本操作外，还有一个很重要的部分就是视图中右键菜单的操作。在 3ds Max 视图中任意位置用鼠标右键单击都会出现一个灰色的多命令菜单，这个菜单中的许多命令设置对于三维模型的制作也有着重要的作用。这个菜单中的命令通常都是针对被选择的物体对象，如果场景中没有被选择的物体模型，那么这些命令将无法独立执行。这个菜单包括上下两大部分：Display（显示）和 Transform（变形）。下面针对这两部分中重要的命令进行详细讲解。

在 Display 菜单中最重要就是"冻结"和"隐藏"这两组命令，这是游戏场景制作中经常使用的命令。所谓"冻结"就是将 3ds Max 中的模型物体锁定为不可操作状态，被"冻结"后的模型物体仍然显示在视图窗口中，但无法对其执行任何命令和操作。Freeze Selection 是指将被选择的模型物体进行"冻结"操作。Unfreeze All 是指将所有被"冻结"的模型物体取消"冻结"状态。

通常被"冻结"的模型物体都会变为灰色并且会隐藏贴图显示，由于灰色与视图背景色相同，经常会造成制作上的不便。这里其实是可以设置的，在 3ds Max 右侧 Display 显示面板下 Display Properties 显示属性一栏中有一个选项"Show Frozen in Gray"，只要取消这个选项便会避免被"冻结"的模型物体变为灰色状态（见图 3-27）。

所谓"隐藏"就是让 3ds Max 中的模型物体在视图窗口处于暂时消失不可见的状态，"隐藏"不等于"删除"，被隐藏的模型物体只是处于不可见状态，但并没有在根本上从场景文件中消失，在执行相关操作后可以取消其隐藏状态。隐藏命令在游戏场景制作中是最常用的命令之一，因为在复杂的三维模型场景文件中，经常在制作某个模型时会被其他模型阻挡视线，尤其是包含众多模型物体的大型场景文件，而隐藏命令恰恰避免了这些问题，让模型制作变得更加方便。

图 3-27　视图右键菜单与取消冻结灰色状态的设置

Hide Selection 是指将被选择的模型物体进行隐藏操作；Hide Unselected 是指对被选择模型以外的所有物体进行隐藏操作；Unhide All 是指对场景中的所有模型物体取消隐藏状态；Unhide by Name 是指通过模型名称选择列表对模型物体取消隐藏状态。

这里还要介绍一个小技巧，在场景制作中如果有其他模型物体阻挡操作视线，除了刚刚介绍的隐藏命令外还有一种方法能避免此种情况：选中阻挡视线的模型物体，按快捷键"Alt+X"，被选中的模型就变为半透明状态，这样不仅不会影响模型的制作，还能观察到前后模型之间的关系（见图 3-28）。

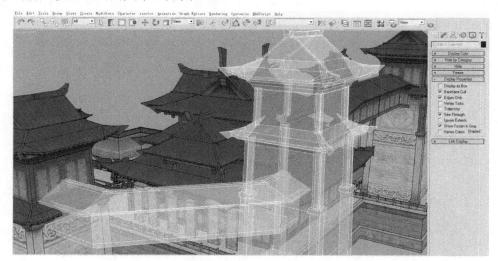

图 3-28　将模型以透明状态显示

在 Transform 菜单中除了包含移动、旋转、缩放、选择、克隆等基本的模型操作外，还包括物体属性、曲线编辑、动画编辑、关联设置、塌陷等一些高级命令设置。模型物体的移动、旋转、缩放、选择前面都已经讲解过，这里着重讲解一下 Clone（克隆）命令。所谓"克隆"就是指将一个模型物体复制为多个个体的过程，快捷键为"Ctrl+V"。对被选择的模型物体单纯地点击"Clone"命令或者按"Ctrl+V"是将该模型进行原地克隆操作，而选择模型物体后按住"Shift"键并用鼠标移动、选择、缩放该模型，则是将该模型进行等单位的克隆操作，在拖动鼠标并松开鼠标左键后会弹出设置窗口（见　　　图3-29）。

图 3-29　克隆设置窗口

克隆后的对象物体与被克隆物体之间存在三种关系：Copy（复制）、Instance（实例）、和 Reference（参考）。Copy 是指克隆物体和被克隆物体间没有任何关联关系，改变其中任何一方对另一方都没有影响；Instance 是指克隆操作后，改变克隆物体的设置参数，被克隆物体也随之改变，反之亦然；Reference 是指克隆操作后，通过改变被克隆物体的设置参数可以影响克隆物体，反之则不成立。这三种关系是 3ds Max 中模型之间常见的基本关系，在很多命令设置或窗口中都能经常看到。在下方的 Name 文本框中可以输入克隆的序列名称。图 3-30 所示场景中的大量帐篷模型都是通过复制实现的，这样可以节省大量的制作时间，提高工作效率。

图 3-30　利用克隆命令制作的场景

3.4　3D 模型的创建与编辑

建模是 3ds Max 软件的基础和核心功能，三维制作的各种工作任务都是在所创建模型的基础上完成的，无论在动画还是游戏制作领域，想要完成最终作品首要解决的问题就是建模。具体到三维网络游戏制作来说，建模更是游戏项目美术制作部分的核心工作内容，尤其是三维场景美术设计师每天最主要的工作内容就是与模型打交道，无论多么宏大壮观的场景，都是一砖一瓦从基础模型搭建开始的，所以，走向游戏美术师之路的第一步就是建模。

在三维游戏场景制作中建模的主要内容包括制作单体建筑模型、复合建筑模型、场景道具模型、雕塑模型、自然植物模型、山石模型、自然地理环境模型等。场景模型的制作方式与生物类角色建模有所不同，游戏场景中的大多数模型不需要严格按照模型一体化的原则来创建。在场景建模中允许不同多边形模型物体之间相互交叉，就是这个"交叉"的概念让游戏场景建模变得更加灵活多变，在结构表现上不会受多边形编辑的限制，可以自由组合、搭配与衔接。

场景建模与生物建模的区别很大，一部分是受贴图方式的影响，生物模型之所以要遵循模型一体化创建的原则，是因为在游戏制作中生物模型必须要保证用尽量少的贴图张数，在贴图赋予模型之前调整 UV 分布的时候，就必须要把整个模型的 UV 线均匀平展在一张贴图内，这样才能保证最终模型贴图的准确。而场景建模则恰好相反，场景模型的贴图大多是利用循环贴图，不需要把 UV 都平展到一张贴图中，每一部分结构或每一块几何体都可以选择不同的贴图来赋予，所以无论模型怎样穿插衔接都不会有太大的影响。

3ds Max 的建模技术博大精深、内容繁杂，这里我们没有必要面面俱到，而是有选择性地着重讲解与三维游戏场景制作相关的建模知识，从基本操作入手，循序渐进地学习三维游戏场景模型的制作。

3.4.1　几何体模型的创建

在 3ds Max 右侧的工具命令面板中，Create 创建面板下第一项 Geometry 就是主要用来创建几何体模型的命令面板，其中下拉菜单第一项 Standard Primitives 用来创建基础几何体模型，表 3-1 给出的就是 3ds Max 所能创建的十种基本几何体模型（见图 3-31）。

表 3-1　3ds Max 创建的基本几何体模型

Box	立方体	Cone	圆锥体
Sphere	球体	Geosphere	三角面球体
Cylinder	圆柱体	Tube	管状体
Torus	圆环体	Pyramid	角锥体
Teapot	茶壶	Plane	平面

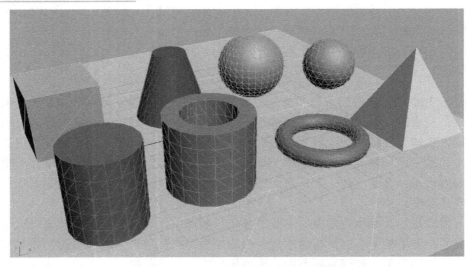

图 3-31　3ds Max 创建的基础几何体模型

　　鼠标点击选择想要创建的几何体，在视图中用鼠标拖曳就可以完成模型的创建，在拖曳过程中点击鼠标右键可以随时取消创建。创建完成后切换到工具命令面板的 Modify 修改面板，可以对创建出的几何模型进行参数设置，包括：长、宽、高、半径、角度、分段数等。在修改面板和创建面板中都能对几何体模型的名称进行修改，名称后面的色块用来设置几何体的边框颜色。

　　在 Geometry 面板下拉菜单中第二项是 Extended Primitives，用来创建扩展几何体模型。扩展几何体模型的结构相对复杂，可调参数也更多（见图 3-32）。其实大多数情况下扩展几何体模型使用的机会比较少，因为这些模型都可以通过基础几何体进行多边形编辑来得到。这里只介绍几个常用的扩展几何体模型：ChamferBox（倒角立方体）、ChamferCylinder（倒角圆柱体）、L-Ext 和 C-Ext，尤其是 L-Ext 和 C-Ext 对于场景建筑模型的墙体制作来说十分快捷方便，可以在短时间内创建出各种不同形态的墙体模型。

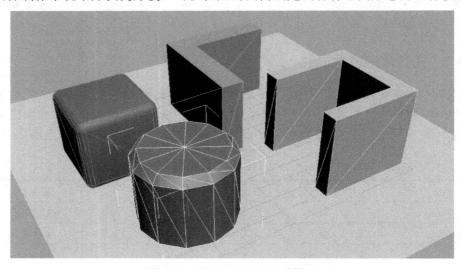

图 3-32　常用的扩展几何体模型

　　另外，这里还要特别介绍一组模型，那就是 Geometry 面板下拉菜单中最后一项 Stair

（楼梯）。在 Stair 面板中能够创建四种不同形态类型的楼梯结构，分别为：L Type Stair（L 形楼梯）、Spiral Stair（螺旋楼梯）、Straight Stair（直楼梯）以及 U Type Stair（U 形楼梯），这些模型对于三维游戏场景中阶梯的制作起到很大的帮助作用（见图 3-33）。

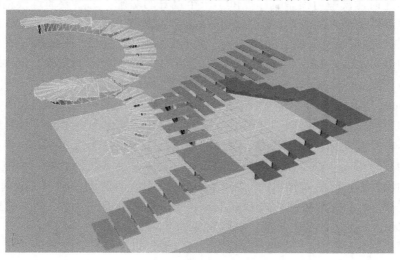

图 3-33　各种楼梯模型结构

　　与几何体模型的创建相同，选择相应的楼梯类型，用鼠标在视图窗口中拖曳就可以创建出楼梯模型，然后在修改面板中可以对其高矮、宽窄、楼梯步幅、楼梯阶数等参数进行详细设置和修改，这些参数设置只要经过简单尝试便可掌握。这里着重介绍下楼梯参数中 Type（类型）参数的设置，在 Type 面板框中有三种模式可以选择，分别为：Open（开放式）、Closed（闭合式）和 Box（盒式）。同一种楼梯结构模型通过不同类型的设置又可以变化为三种不同的形态，在游戏场景制作中最为常用的是 Box 类型，在这种模式下通过多边形编辑可以制作出游戏场景需要的各种基础阶梯结构（见图 3-34）。

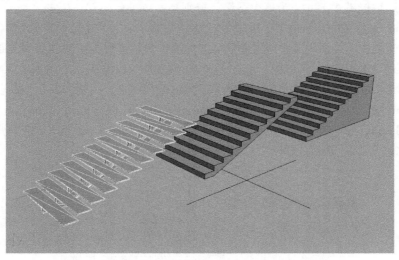

图 3-34　Open、Closed 和 Box 三种不同类型的楼梯结构

3.4.2 多边形模型的编辑

在 3ds Max 中创建基础几何体模型，对于真正的模型制作来说仅仅是第一步，不同形态的基础几何体模型为模型制作提供了一个良好的基础，之后要通过模型的多边形编辑才能完成对模型最终的制作。在 3ds Max 6.0 以前的版本中，几何体模型的编辑主要是靠 Edit Mesh（编辑网格）命令来完成的，在 3ds Max 6.0 之后，Autodesk 公司研发出了更加强大的多边形编辑命令 Edit Poly（编辑多边形），并在之后的软件版本中不断增强和完善该命令，到 3ds Max 8.0 时，Edit Poly 命令已经十分完善。

Edit Mesh 与 Edit Poly 这两个模型编辑命令的不同之处在于，Edit Mesh 编辑模型时以三角面作为编辑基础，模型物体的所有编辑面最后都转化为三角面，而 Edit Poly 编辑多边形命令在处理几何模型物体时，编辑面则以四边形面作为编辑基础，而最后也无法自动转化为三角形面。在早期的电脑游戏制作过程中，大多数的游戏引擎技术支持的模型都为三角面模型，而随着技术的发展，Edit Mesh 已经不能满足游戏三维制作中对于模型编辑的需要，之后逐渐被强大的 Edit Poly 编辑多边形命令所代替，而且 Edit Poly 物体还可以和 Edit Mesh 进行自由转换，以应对各种不同的需要。

对于模型物体转换为编辑多边形模式，可以通过以下三种方法实现：

（1）在视图窗口中对模型物体点击鼠标右键，在弹出的视图菜单中选择 Convert to Editable Poly（塌陷为可编辑的多边形）命令，即可将模型物体转换为 Edit Poly。

（2）在 3ds Max 界面右侧修改面板的堆栈窗口中对需要的模型物体单击右键，同样选择 Convert to Editable Poly 命令，也可将模型物体转换为 Edit Poly。

（3）在堆栈窗口中可以对想要编辑的模型直接添加 Edit Poly 命令，也可让模型物体进入多边形编辑模式，这种方式相对前面两种来说有所不同。对于添加 Edit Poly 命令后的模型在编辑时还可以返回上一级的模型参数设置界面，而上面两种方法则不可以，所以第三种方法相对来说更具灵活性。

在多边形编辑模式下共分为五个层级，分别是：Vertex（点）、Edge（线）、Border（边界）、Polygon（面）和 Element（元素）。每个多边形从"点"、"线"、"面"到整体互相配合，共同围绕着为多边形编辑服务，通过不同层级的操作最终完成模型整体的搭建制作。

在进入每个层级后，菜单窗口会出现不同层级的专属面板，同时所有层级还共享统一的多边形编辑面板。图 3-35 就是编辑多边形的命令面板，包括以下几部分：Selection（选择）、Soft Selection（软选择）、Edit Geometry（编辑几何体）、Subdivision Surface（细分表面）、Subdivision Displacement（细分位移）和 Paint Deformation（绘制变型），下面我们将针对每个层级详细讲解模型编辑中常用的命令。

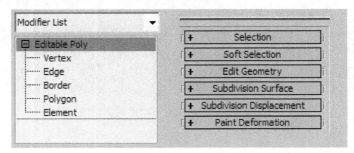

图 3-35 多边形编辑中的层级和各种命令面板

▶1. Vertex 点层级

点层级下的 Selection 选择面板中有一个重要的命令选项 Ignore Backfacing（忽略背面），当点选这个选项时，在视图中选择模型可编辑点时将会忽略所有当前视图背面的点，此选项命令在其他层级中也同样适用。

Edit Vertices（编辑顶点）命令面板是点层级下独有的命令面板，其中大多数命令都是常用的编辑多边形命令（见图 3-36）。

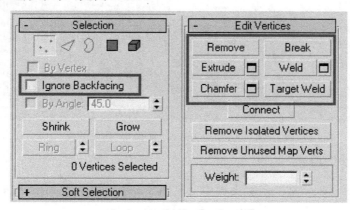

图 3-36　Edit Vertices 面板中的常用命令

Remove（移除）：当模型物体上有需要移除的顶点时，选中顶点执行此命令，Remove（移除）不等于 Delete（删除），当移除顶点后该模型顶点周围的面还将存在，而删除命令则是将选中的顶点连同顶点周围的面一起删除。

Break（打散）：选中顶点执行此命令后该顶点会被打散为多个顶点，打散的顶点个数与打散前该顶点连接的边数有关。

Extrude（挤压）：挤压是多边形编辑中常用的编辑命令，而对于点层级的挤压简单来说就是将该顶点以突出的方式挤出到模型以外。

Weld（焊接）：这个命令与打散命令刚好相反，是将不同的顶点结合在一起的操作。选中想要焊接的顶点，设定焊接的范围后点击焊接命令，这样不同的顶点就被结合到了一起。

Target Weld（目标焊接）：此命令的操作方式是，首先点击此命令出现鼠标图形，然后依次用鼠标点选想要焊接的顶点，这样这两个顶点就被焊接到了一起。要注意的是，焊接的顶点之间必须有边相连接，而对于类似四边形面对角线上的顶点是无法焊接到一起的。

Chamfer（倒角）：对于顶点倒角来说就是将该顶点沿着相应的实线边以分散的方式形成新的多边形面的操作。挤压和倒角都是常用的多边形编辑命令，在多个层级下都包含这两个命令，但每个层级的操作效果不同，图 3-37 能更加具象地表现点层级下挤压、焊接和倒角命令的作用效果。

Connect（连接）：选中两个没有边连接的顶点，点击此命令则会在两个顶点之间形成新的实线边。在挤压、焊接、倒角命令按钮后面都有一个方块按钮，这表示该命令存在子级菜单可以对相应的参数进行设置，选中需要操作的顶点后单击此方块按钮，就可以通过参数设置的方式对相应的顶点进行设置。

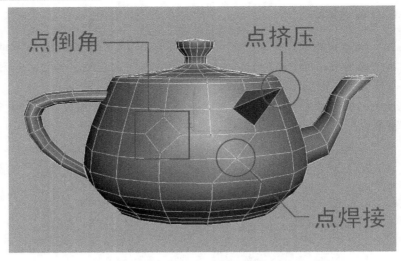

图 3-37 点层级下挤压、倒角和焊接的效果

2. Edge 边层级

在 Edit Edges（编辑边）层级面板中（见图 3-38），常用的命令主要有以下几个。

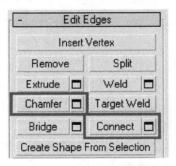

图 3-38 Edit Edges 层级面板

Remove（移除）：将被选中的边从模型物体上移除的操作，与前面讲过的相同，移除并不会将边周围的面删除。

Extrude（挤压）：在边层级下挤压命令操作效果几乎等同于点层级下的挤压命令。

Chamfer（倒角）：对于边的倒角来说就是将选中的边沿相应的线面扩散为多条平行边的操作，线边的倒角才是通常意义上的多边形倒角，通过边的倒角可以让模型物体面与面之间形成圆滑的转折关系。

Connect（连接）：对于边的连接来说就是在选中边线之间形成多条平行的边线，边层级下的倒角和连接命令也是多边形模型物体常用的布线命令之一。图 3-39 中更加具象地表现出边层级下挤压、倒角和连接命令的具体操作效果。

Insert Vertex（插入顶点）：在边层级下可以通过此命令在任意模型物体的实线边上添加插入一个顶点，这个命令与之后要讲的共用编辑菜单下的 Cut（切割）命令一样，都是多边形模型物体加点添线的重要手段。

图 3-39　边层级下挤压、倒角和焊接的效果

3. Border 边界层级

所谓的模型 Border 主要是指在可编辑的多边形模型物体中那些没有完全处于多边形面之间的实线边。通常来说，Border 层级菜单较少应用，菜单中只有一个命令需要讲解，那就是 Cap（封盖）命令。这个命令主要用于给模型中的 Border 封闭加面，通常在执行此命令后还要对新加的模型面进行重新布线和编辑（见图 3-40）。

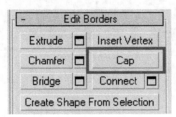

图 3-40　Border 面板中最常用的 Cap 命令

4. Polygon 多边形面层级

Polygon 层级面板中大多数命令也是多边形模型编辑中最常用的编辑命令（见图 3-41）。

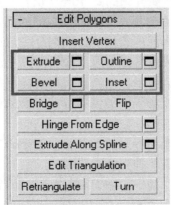

图 3-41　Edit Polygons 层级面板

Extrude（挤压）：在多边形面层级的挤压就是将面沿一定方向挤出的操作，点击后面的方块按钮，在弹出的菜单中可以设定挤出的方向，分为三种类型：Group（整体挤出）；Local Normal（沿自身法线方向整体挤出）；By Polygon（按照不同的多边形面分别挤出）。这三种操作方法在 3ds Max 的很多操作中都能经常看到。

Outline（轮廓）：是指将选中的多边形面沿着它所在的平面扩展或收缩的操作。

Bevel（倒角）：这个命令是多边形面的倒角命令，具体是将多边形面挤出再进行缩放操作，后面的方块按钮可以设置具体挤出的操作类型和缩放操作的参数。

Insert（插入）：将选中的多边形面按照所在平面向内收缩产生一个新的多边形面的操作，后面的方块按钮可以设定插入操作的方式是整体插入还是分别按多边形面插入。通常插入命令要配合挤压和倒角命令一起使用。图 3-42 将更加直观地表示多边形面层级中挤压、轮廓、倒角和插入命令的效果。

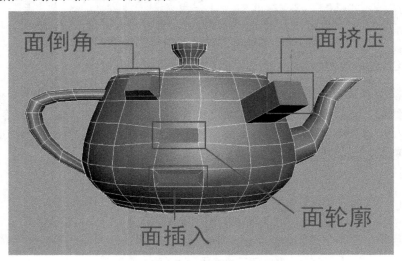

图 3-42　面层级下挤压、轮廓、倒角和插入的效果

Flip（翻转）：将选中的多边形面进行翻转法线的操作，在 3ds Max 中法线是指物体在视图窗口中可见性的方向指示，物体法线朝向我们则代表该物体在视图中为可见，相反为不可见。

另外，这个层级菜单中还需要介绍的是 Turn（反转）命令，这个命令不同于刚才介绍的 Flip 命令。虽然在多边形编辑模式中是以四边形的面作为编辑基础，但其实每一个四边形的面仍然是由两个三角形面所组成的，但划分三角形面的边是作为虚线边隐藏存在的，当调整顶点时这条虚线边也恰恰作为隐藏的转折边。当用鼠标点击 Turn（反转）命令时，所有隐藏的虚线边都会显示出来，然后用鼠标点击虚线边就会使之反转方向，对于有些模型物体（特别是游戏场景中的低精度模型）来说，Turn（反转）命令也是常用的命令之一。

在多边形面层级下还有一个十分重要的命令面板——Polygon Properties（多边形属性）面板，这也是多边形面层级下独有的设置面板，主要用来设定每个多边形面的材质序号和光滑组序号（见图 3-43）。其中，Set ID 是用来设置当前选择多边形面的材质序号；Select ID 是通过选择材质序号来选择该序号材质所对应的多边形面；Smoothing Groups 窗口中的数字方块按钮用来设定当前选择多边形面的光滑组序号。图 3-44 所示是为同一模型物体设置不同光滑组的效果。

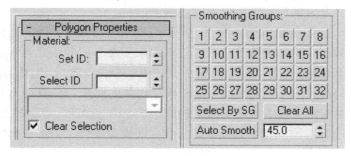

图 3-43　Polygon Properties 面板

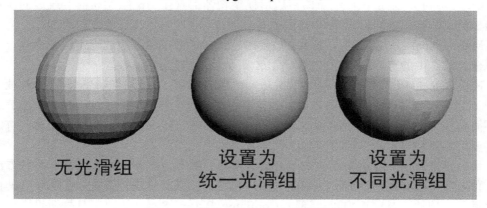

图 3-44　模型光滑组的不同设置效果

　　编辑多边形的第五个层级面板为 Element 元素层级，这个层级主要用来整体选取被编辑的多边形模型物体，此层级面板中的命令在游戏场景制作中较少用到，所以这里不做详细讲解。以上就是多边形编辑模式下所有层级独立面板的详细讲解，下面介绍所有层级都共用的 Edit Geometry（编辑几何体）面板（见图 3-45）。这个命令面板看似复杂，但其实在游戏场景模型制作中常用的命令并不是很多，下面讲解编辑几何体面板中常用的命令。

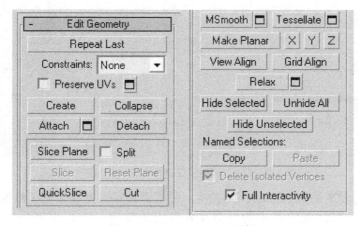

图 3-45　Edit Geometry 面板

　　Attach（结合）：将不同的多边形模型物体结合为一个可编辑多边形物体的操作，具体操作为：先点击 Attach 命令，然后点击选择想要被结合的模型物体，这样被选择的模型物体就被结合到之前的可编辑多边形的模型下。

Detach（分离）：与 Attach 恰好相反，是将可编辑多边形模型下的面或者元素分离成独立模型物体的操作，具体操作方法为：进入编辑多边形的面或者元素层级下，选择想要分离的面或元素，然后点击"Detach"命令会弹出一个命令窗口，勾选 Detach to Element 是将被选择的面分离成为当前可编辑多边形模型物体的元素，而 Detach as Clone 是指将被选择的面或元素克隆分离为独立的模型物体（被选择的面或元素保持不变），如果什么都不勾选则将被选择的面或元素直接分离为独立的模型物体（将被选择的面或元素从原模型上删除）。

Cut（切割）：是指在可编辑的多边形模型物体上直接切割绘制新的实线边的操作，这是模型重新布线编辑的重要操作手段。

Make Planar X/Y/Z：在可编辑多边形的点、线、面层级下通过点击这个命令，可以实现模型被选中的点、线或面在 X、Y、Z 三个不同轴向上的对齐。

Hide Selected（隐藏被选择）、Unhide All（显示所有）、Hide Unselected（隐藏被选择以外）：这三个命令同之前视图窗口右键菜单中的完全一样，只不过这里是用来隐藏或显示不同层级下的点、线或面的操作。对于包含众多点、线、面的复杂模型物体，有时往往需要用隐藏和显示命令使模型制作更加方便快捷。

最后再来介绍一下模型制作中即时查看模型面数的方法和技巧，一共有两种方法。第一种方法可以利用 Polygon Counter（多边形统计）工具来进行查看，在 3ds Max 命令面板最后一项的工具面板中可以通过 Configure Button Sets（快捷工具按钮设定）找到 Polygon Counter 工具。Polygon Counter 是一个非常好用的多边形面数计数工具，其中 Selected Objects 显示当前所选择的多边形面数，All Objects 显示场景文件中所有模型的多边形面数。下面的 Count Triangles 和 Count Polygons 用来切换显示多边形的三角面和四边面。另一种方法是：可以在当前激活的视图中启动 Statistics 计数统计工具，快捷键为"7"（见图 3-46）。Statistics 可以即时对场景中模型的点、线、面进行计数统计，但这种即时运算统计非常消耗硬件，所以通常不建议在视图中一直处于开启状态。

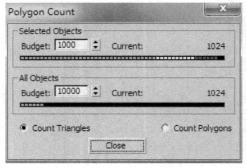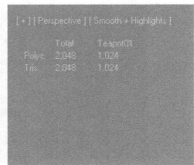

图 3-46　两种统计模型面数的方法

三维游戏场景的最大特点就是真实性。所谓的真实性就是指在三维游戏中，玩家可以从各个角度观察游戏场景中的模型和各种美术元素。三维引擎为我们营造了一个 360°的真实感官世界，在模型制作过程中，我们要时刻记住这个概念，保证模型各个角度都要具备模型结构和贴图细节的完整度，在制作中要通过视图多方位旋转观察模型，避免漏洞和错误的产生。

另外，在游戏模型制作初期最容易出现的问题就是模型中会存在大量"废面"，要善于利用多边形计数工具，及时查看模型的面数，随时提醒自己不断修改和整理模型，保证模型面数的精简。对于游戏中玩家视角以外的模型面，尤其是模型底部或者紧贴在一起的内侧的模型面都可以进行删除。

除了模型的面数的简化外，在编辑和制作多边形模型时还要注意避免产生四边形以上的模型面，尤其是在切割和添加边线的时候，要及时利用 Connect 命令连接顶点。对于游戏模型来说，自身的多边形面可以是三角面或四边面，但如果出现四边以上的多边形面，在之后导入游戏引擎后会出现模型的错误问题，所以要极力避免这种情况的发生。

3.5 三维模型贴图的制作

对于三维游戏美术师来说，仅利用 3ds Max 完成模型的制作是远远不够的。三维模型的制作只是开始，是之后工作流程的基础。如果把三维制作比喻为绘画的话，那么模型的制作只相当于绘画的初步线稿，后面还要为作品增加颜色，而在三维设计制作过程中上色的部分就是 UV、材质及贴图的工作。

在三维游戏场景制作中，贴图比模型显得更加重要。由于游戏引擎显示及硬件负载的限制，游戏场景模型对于模型面数的要求十分严格，模型在不能增加面数的前提下还要尽可能展现物体的结构和细节，这就必须依靠贴图来表现。由于场景建筑模型不同于生物模型，不可能把所有的 UV 网格都平展到一张贴图上，那么如何用少量的贴图去完成大面积模型的整体贴图工作呢？这就需要三维美术师来把握和控制，这种能力也是三维美术师必须具备的职业水平。本节将详细介绍模型 UV 的设置、游戏材质及贴图的理论和制作方法。

3.5.1　3ds Max UVW 贴图坐标技术

在 3ds Max 中默认状态下的模型物体，若想要正确显示贴图材质，必须先对其"贴图坐标（UVW Coordinates）"进行设置。所谓的"贴图坐标"就是模型物体确定自身贴图位置关系的一种参数，通过正确的设定让模型和贴图之间建立相应的关联关系，保证贴图材质正确地投射到模型物体表面。

模型在 3ds Max 中的三维坐标用 X、Y、Z 来表示，而贴图坐标则使用 U、V、W 与其对应，如果把位图的垂直方向设定为 V，水平方向设定为 U，那么它的贴图像素坐标就可以用 U 和 V 来确定在模型物体表面的位置。在 3ds Max 的创建面板中建立基本几何体模型，在创建的时候系统会为其自动生成相应的贴图坐标关系。例如，当创建一个 BOX 模型并为其添加一张位图时，它的六个面会自动显示出这张位图。但对于一些模型，尤其是利用 Edit Poly 编辑制作的多边形模型，自身不具备正确的贴图坐标参数，这就需要为其设置和修改 UVW 贴图坐标。

关于模型贴图坐标的设置和修改，通常会用到两个关键的命令：UVW Map 和 Unwrap UVW，这两个命令都可以在堆栈命令下拉列表里找到。这个看似简单的功能需要花费相当多的时间和精力，并且需要在平时的实际制作中不断总结归纳经验和技巧，下面就详细介绍 UVW Map 和 Unwrap UVW 这两个修改器的具体参数设置和操作方法。

▶ 1. UVW Map 指定贴图坐标修改器

UVW Map 修改器的界面基本参数设置包括：Mapping（投影方式）、Channel（通道）、Alignment（调整）和 Display（显示）四部分，其中最为常用的是 Mapping 和 Alignment。在堆栈窗口中添加 UVW Map 修改器后，可以用鼠标点击前面的"+"展开 Gizmo 分支，进入 Gizmo 层级后可以对其进行移动、旋转、缩放等调整，对 Gizmo 线框的编辑操作同样会影响模型贴图坐标的位置关系和贴图的投射方式。

在 Mapping 面板中包含了贴图对于模型物体的 7 种投射方式和相关参数设置（见图 3-47），这 7 种投影类型分别是：Planar（平面）、Cylindrical（圆柱）、Spherical（球形）、Shrink Wrap（收缩包裹）、Box（立方体）、Face（面贴图）以及 XYZ to UVW。下面的参数是调节 Gizmo 的尺寸和贴图的平铺次数，在实际制作中并不常用。这里需要掌握的是能够根据不同形态的模型物体选择出合适的贴图投射方式，以方便之后展开贴图坐标的操作。下面针对每种投影方式说明其原理和具体应用方法。

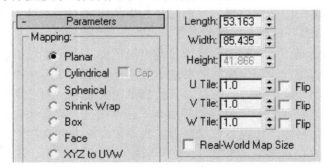

图 3-47　Mapping 面板中的 7 种投影方式

Planar（平面贴图）：将贴图以平面的方式映射到模型物体表面，它的投影平面就是 Gizmo 的平面，所以通过调整 Gizmo 平面就能确定贴图在模型上的贴图坐标位置。平面映射适用于纵向位移较小的平面模型物体，在游戏场景制作中这是最长用的贴图投射方式，一般是在可编辑多边形的面层级下选择想要贴图的表面，然后添加 UVW Mapping 修改器选择平面投影方式，并在 Unwrap UVW 修改器中调整贴图位置。

Cylindrical（圆柱贴图）：将贴图沿着圆柱体侧面映射到模型物体表面，它将贴图沿着圆柱的四周进行包裹，最终圆柱立面左侧边界和右侧边界相交在一起。相交的这个贴图接缝也是可以控制的，点击进入 Gizmo 层级可以看到 Gizmo 线框上有一条绿线，这就是控制贴图接缝的标记，通过旋转 Gizmo 线框可以控制接缝在模型上的位置。Cylindrical 后面有一个 Cap 选项，如果激活则圆柱的顶面和底面将分别使用 Planar 的投影方式。在游戏场景制作中，大多数建筑模型的柱子或者类似的柱形结构的贴图坐标方式都是用 Cylindrical 来实现的。

Spherical（球面贴图）：将贴图沿球体内表面映射到模型物体表面，其实球面贴图与柱形贴图类型相似，贴图的左端和右端同样在模型物体表面形成一个接缝，同时贴图的上下边界分别在球体两极收缩成两个点，与地球仪十分类似。为角色脸部模型贴图时，通常使用球面贴图（见图 3-48）。

图 3-48　Planar、Cylindrical 和 Spherical 贴图方式

　　Shrink Wrap（收缩包裹贴图）：将贴图包裹在模型物体表面，并且将所有的角拉到一个点上，这是唯一一种不会产生贴图接缝的投影类型。也正因为这样，模型表面的大部分贴图会产生比较严重的拉伸和变形（见图 3-49）。由于这种局限性，多数情况下使用它的物体只能显示贴图形变较小的那部分，而"极点"那一端必须要被隐藏起来。在游戏场景制作中，包裹贴图有时还是相当有用的。例如，制作石头这类模型的时候，使用其他贴图投影类型都会产生接缝或者一个以上的极点，而使用收缩包裹投影类型就完全解决了这个问题，即使存在一个相交的"极点"，只要把它隐藏在石头的底部就可以了。

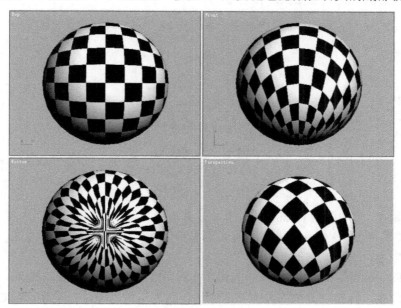

图 3-49　Shrink Wrap 收缩包裹贴图方式

　　Box（立方体贴图）：按六个垂直空间平面将贴图分别映射到模型物体表面，对于规则的几何模型物体，这种贴图投影类型十分方便快捷，比如场景模型中的墙面、方形柱子或者类似的盒式结构的模型。

　　Face（面贴图）：为模型物体的所有几何面同时应用平面贴图，这种贴图投影方式与材质编辑器 Shader Basic Parameters 参数中的 Face Map 作用相同（见图 3-50）。

图 3-50 Box 和 Face 贴图方式

XYZ to UVW：这种贴图投射类型在游戏场景制作中较少使用，所以在这里不做过多讲解。

Alignment（调整）工具面板中提供了 8 个工具，用来调整贴图在模型物体上的位置关系，正确合理地使用这些工具在实际制作中往往起到事半功倍的作用（见图 3-51）。面板顶部的 X、Y、Z 用于控制 Gizmo 的方向，这里所指的方向是物体的自身坐标方向，也就是 Local Coordinate System（自身坐标系统）模式下物体的坐标方向，通过 X、Y、Z 之间的切换能够快速改变贴图的投射方向。

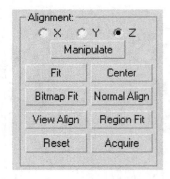

图 3-51 Alignment 调整工具面板

Fit（适配）：自动调整 Gizmo 的大小，使其尺寸与模型物体相匹配。

Center（置中）：将 Gizmo 的位置对齐到模型物体的中心。这里的"中心"是指模型物体的几何中心，而不是它的 Pivot（轴心）。

Bitmap Fit（位图适配）：将 Gizmo 的长宽比例调整为指定位图的长宽比例。使用 Planar 投影类型的时候，经常碰到位图没有按照原始比例显示的情况，如果靠调节 Gizmo 的尺寸则比较麻烦，这时可以使用这个工具。只要选中已使用的位图，Gizmo 就自动改变其长宽比例与其匹配。

Normal Align（法线对齐）：将 Gizmo 与指定面的法线垂直，也就是与指定面平行。

View Align（视图对齐）：将 Gizmo 平面与当前的视图平行对齐。

Region Fit（范围适配）：在视图上拉出一个范围来确定贴图坐标。

Reset（复位）：恢复贴图坐标的初始设置。

Acquire（获取）：将其他物体的贴图坐标设置引入到当前模型物体中。

▶2. Unwrap UVW 展开贴图坐标修改器

在了解了 UVW 贴图坐标的相关知识后，可以用 UVW Map 修改器来为模型物体指定基本的贴图映射方式，这对于模型的贴图工作来说还只是第一步。UVW Map 修改器定义的贴图投射方式只能从整体上为模型赋予贴图坐标，对于更加精确的贴图坐标的修改却无能为力，要想解决这个问题必须通过 Unwrap UVW 展开贴图坐标修改器来实现。

Unwrap UVW 修改器是 3ds Max 中内置的一个功能强大的模型贴图坐标编辑系统，通过这个修改器可以更加精确地编辑多边形模型点、线、面的贴图坐标分布，尤其是对于生物体模型和场景雕塑模型等结构较为复杂的多边形模型，必须要用到 Unwrap UVW 修改器。

在 3ds Max 修改面板的堆栈菜单列表中可以找到 Unwrap UVW 修改器，Unwrap UVW 修改器的参数窗口主要包括：Selection Parameters（选择参数）、Parameters（参数）和 Map Parameters（贴图参数）三部分，在 Parameters 面板下还包括一个 Edit UVWs 编辑器。总的来看 Unwrap UVW 修改器十分复杂，包含众多的命令和编辑面板，对于初学者上手操作有一定的困难。其实对于游戏三维制作来说，只需要了解并掌握修改器中一些重要的命令参数即可，不需要做到全盘精通，游戏场景中建筑模型的结构都比较规则，所以对于 Unwrap UVW 修改器的操作将会更加容易，下面针对 Unwrap UVW 修改器不同的参数面板进行详细讲解。

Selection Parameters 选择参数面板中能使用不同的方式快速地选择需要编辑的模型部分（见图 3-52）。"+" 按钮可以扩大选集范围，"−" 按钮则缩小选集范围。这里要注意，只有当 Unwrap UVW 修改器的 Select Face（选择面）层级被激活时，选择工具才有效。

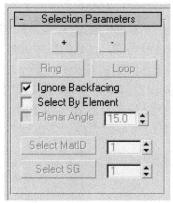

图 3-52　Selection Parameters 选择参数面板

Ignore Backfacing（忽略背面）：选择时忽略模型物体背面的点、线、面等对象。

Select by Element（选择元素）：选择时按照模型物体元素单元为单位进行选择操作。

Planar Angle（平面角度）：这个参数命令默认是关闭的，它提供了一个数值设定，这个数值指的是面的相交角度。当这个命令被激活后，选择模型物体某个面或者某些面的时候，与这个面成一定角度内的所有相邻面都会被自动选择。

Select MatID（选择材质 ID）：通过模型物体的贴图材质 ID 编号来选择。

Select SG（选择光滑组）：通过模型物体的光滑组来进行选择。

Parameters 参数面板最主要的是用来打开 UV 编辑器,同时还可以对已经设置完成的模型 UV 进行存储(见图 3-53)。

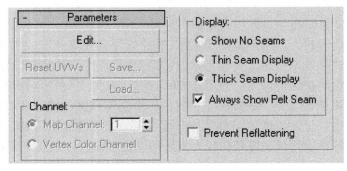

图 3-53　Parameters 参数面板

Edit(编辑):用来打开 Edit UVWs 编辑窗口,对于其具体参数设置下面将会讲到。

Reset UVWs(重置 UVW):放弃已经编辑好的 UVW,使其回到初始状态,这也就意味着之前的全部操作都将丢失,所以一般不使用这个按钮。

Save(保存):将当前编辑的 UVW 保存为".UVW"格式的文件,对于复制的模型物体可以通过载入文件来直接完成 UVW 的编辑。其实在游戏场景的制作中通常会选择另外一种方式来操作,单击模型堆栈窗口中的 Unwrap UVW 修改器,然后按住鼠标左键直接拖曳这个修改器到视图窗口中复制出的模型物体上,松开鼠标左键即可完成操作,这种拖曳修改器的操作方式在其他很多地方都会用到。

Load(载入):载入".UVW"格式的文件,如果两个模型物体不同,则此命令无效。

Channel(通道):包括 Map channel(贴图通道)与 Vertex color channel(顶点色通道)两个选项,在游戏场景制作中并不常用。

Display(显示):使用 Unwrap UVW 修改器后,模型物体的贴图坐标表面会出现一条绿色的线,这就是展开贴图坐标的缝合线,这里的选项就是用来设置缝合线的显示方式,从上到下依次为:不显示缝合线、显示较细的缝合线、显示较粗的缝合线、始终显示缝合线。

Map Parameters 贴图参数面板看似十分复杂,但其实常用的命令并不多(见图 3-54)。在面板上半部分的按钮中包括 5 种贴图映射方式和 7 种贴图坐标对齐方式,由于这些命令操作大多在 UVW Map 修改器中都可以完成,所以这里较少用到。

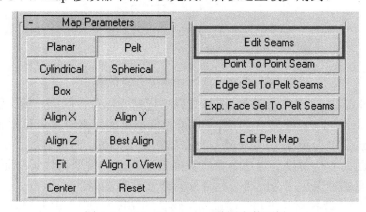

图 3-54　Map Parameters 贴图参数面板

这里需要着重讲到的是 Pelt（剥皮）工具，这个工具常用在游戏场景雕塑模型和生物模型的制作中。Pelt 的含义就是指把模型物体的表面剥开并将其贴图坐标平展的一种贴图映射方式，这是 UVW Map 修改器中没有的一种贴图映射方式，相较其他的贴图映射方式来说相对复杂，更适合用于结构复杂的模型物体，下面具体讲解操作流程。

总体来说，Pelt 平展贴图坐标的流程分为三大步：①重新定义编辑缝合线；②选择想要编辑的模型物体或者模型面，点击 Pelt 按钮，选择合适的平展对齐方式；③点击 Edit Pelt Map 按钮，对选择对象进行平展操作。

图 3-55 中的模型为一个场景石柱模型，模型上的绿线为原始的缝合线，进入 Unwrap UVW 修改器的 Edge 层级后，点击 Map Parameters 面板中的 Edit Seams 按钮就可以对模型重新定义缝合线。在 Edit Seams 按钮激活状态下，用鼠标点击模型物体上的边线就会使之变为蓝色，蓝色的线就是新的缝合线路经，按住键盘上的"Ctrl"键再单击边线就是取消蓝色缝合线。我们在定义编辑新的缝合线时，通常会在 Parameters 参数设置中选择隐藏绿色缝合线，重新定义编辑好的缝合线如图 3-55 中间模型的蓝线。

第二步要进入 Unwrap UVW 修改器的 Face 层级，选择想要平展的模型物体或者模型面，然后单击 Pelt 按钮，会出现类似于 UVW Map 修改器中的 Gizmo 平面，这时选择 Map Parameters 面板中合适的展开对齐方式，如图 3-55 右侧所示。

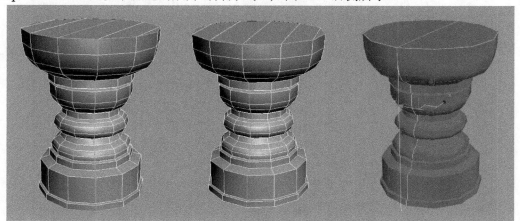

图 3-55 重新定义缝合线并选择展开平面（见彩插）

单击 Edit Pelt Map 按钮会弹出 Edit UVWs 窗口，从模型 UV 坐标每一个点上都会引伸出一条虚线，对于这里密密麻麻的各种点和线不需要精确调整，只需要遵循一条原则：尽可能让这些虚线不相互交叉，这样操作会使之后的 UV 平展更加便捷。

单击 Edit Pelt Map 按钮后，同时会弹出平展操作的命令窗口，这个命令窗口中包含许多工具和命令，但对于一般制作来说很少用到，只需要点击右下角的 Simulate Pelt Pulling（模拟拉皮）按钮就可以继续下一步的平展操作。接下来，整个模型的贴图坐标将会按照一定的力度和方向进行平展操作，具体原理相当于模型的每一个 UV 顶点，将沿着引伸出来的虚线方向进行均匀的拉曳，形成贴图坐标分布网格（见图 3-56）。

之后需要对 UV 网格进行顶点的调整和编辑，编辑的原则就是让网格尽量均匀分布，这样最后当贴图添加到模型物体表面时才不会出现较大的拉伸和撕裂现象。我们可以点击 UV 编辑器视图窗口上方的棋盘格显示按钮来查看模型 UV 的分布状况，当黑白色方格在模型表面均匀分布没有较大变形和拉伸的状态就说明模型的 UV 是均匀分布的（见图 3-57）。

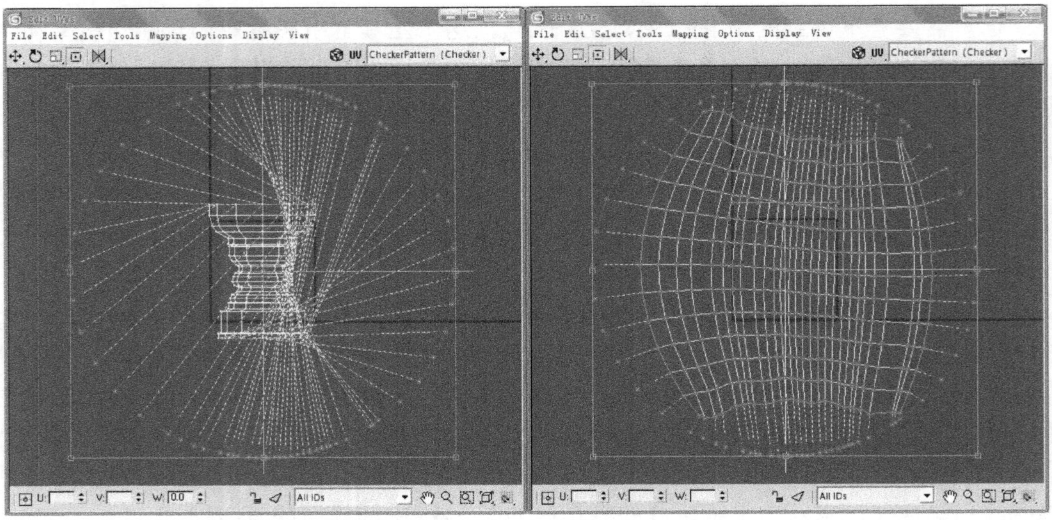

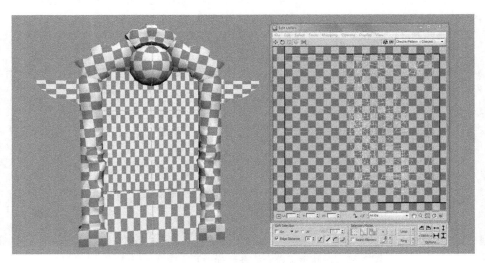

图 3-56　利用 Pelt 命令展平模型 UV

图 3-57　利用黑白棋盘格来查看 UV 分布

3. UVW 编辑器

图 3-58 是 Edit UVWs 编辑器的操作窗口，从上到下依次包括：菜单栏、操作按钮、视图区和层级选择面板四个部分。虽然看似复杂，但其实在游戏制作中常用的命令却不多，图中线框标识的区域基本涵盖了常用的命令和操作。下面具体讲解各命令操作。

首先来看视图区域，在模型物体 UV 网格线的底下是贴图的显示区域，中间的深蓝色正方形边框就是模型物体贴图坐标的边界，任何超出边界的 UV 网格都会被重复贴图，类似增加贴图的平铺次数。一般对于场景雕塑模型、场景物件模型或者生物体模型来说，UV 网格都不要超出蓝色边界，这样才能在贴图区域内正确绘制模型贴图，但对于大多数的游戏场景建筑模型来说，UV 网格通常都要超出边界，因为场景建筑模型的贴图大多为循环贴图，通过调整拉伸 UV 网格来得到合适的贴图平铺次数。

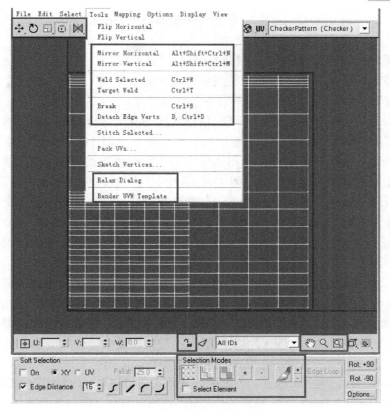

图 3-58　UV 编辑器视图窗口

　　Edit UVWs 的视图操作区域是最为核心的区域，所有的命令和操作都要在这个区域中实现，换句话说就是要通过一切操作来实现 UV 网格的均匀平展，将最初杂乱无序的 UV 网格变为一张平整的网格，让模型的贴图坐标和模型贴图找到最佳的结合点。

　　在视图区左上方的五个按钮是编辑 UV 网格最为常用的工具，从左往右分别为：Move（移动）、Rotate（旋转）、Scale（缩放）、Freeform Mode（自由变换）和 Mirror（镜像）。移动、旋转、缩放以及镜像自然不用多说，跟前面讲到的 3ds Max 操作基本一致。自由变换工具是最为常用的 UV 编辑工具，因为在自由变换模式下包含所有的移动、旋转和缩放的操作，让操作变得十分便捷。

　　视图区右下角的按钮是视图操作按钮，包括视图基本的平移和缩放等，在实际操作中这些按钮的功能用鼠标都能代替，按住鼠标中键或鼠标滚轮拖动视图为视图平移，滑动鼠标滚轮为视图的缩放操作。在这一排按钮区域正中间有一个"锁"形的图标按钮，默认状态下是"开锁"图标，如果点击后变为锁定状态，则不能对视图中任何 UV 网格进行编辑操作，因为 3ds Max 对于这个按钮默认的快捷键是空格键，在操作中很容易被意外激活，所以这里着重提示一下。

　　视图区下方是层级选择面板，Edit UVWs 也包含基本的 Vertex（点）、Edge（线）、Face（面）等子物体层级的操作。三种层级各有优势，在 UV 网格编辑中通过适当的切换来实现更加快速便捷的操作。

　　Select Element（选择元素）：当激活这个命令时，对于选取视图中任何一个坐标点，都将会选取整片的 UV 网格。

Sync to Viewport（与视图同步）：默认状态是激活的，在视图窗口中的选择操作会实时显示出来。

"+" 按钮是扩大选择范围，"–" 按钮是减少选择范围。

在 Edit UVWs 的菜单栏中需要着重讲解的是 Tool（工具）菜单，在这个菜单中包含对 UV 网格镜像、合并、分割和松弛等常用的操作命令。

Weld Selected（焊接所选）：将 UV 网格中选择的点全部焊接在一起，这个合并的条件没有任何限制，即使任意地选择区域都可以被焊接合并到一起。快捷键是 "Ctrl+W"。

Target Weld（目标焊接）：跟多边形编辑中的目标焊接方式一致，点击这个命令选择需要焊接的点，将其拖曳到目标点上即可完成焊接合并。快捷键是 "Ctrl+T"。

Break（打断）：在 Vertex 点层级下，打断命令会将一个点分解为若干个新的点，新点的数目取决于这个点共用边面的个数。由于会产生较多的点，所以打断命令更多用于 Edge 和 Face 的层级操作，具有更强的可控性。断开 Edge 时需要注意，如果不与边界相邻，需要选中两个以上的边 Break 命令才会起作用。快捷键是 "Ctrl+B"。

Detach Edge Verts（分离边点）：与 Break 不同，这个命令是用来分离局部的，它对于单独的点、边不起作用，对面和完全连续的点、边才有效。快捷键是 "Ctrl+D"。

Relax（松弛）：在之前介绍的 Pelt 操作流程完成后，往往就需要用到 Relax 命令。所谓的 Relax 就是将选中的 UV 网格对象进行 "放松" 处理，让过于紧密的 UV 坐标变得更加松弛，在一定程度上解决了贴图拉伸问题。

Render UVW Template（渲染 UVW 模板）：这个命令能够将 Edit UVWs 视图中蓝色边界内的 UV 网格渲染为 ".BMP"、".JPG" 等平面图片文件，以方便在 Photoshop 中绘制贴图。

以上就是关于模型贴图坐标操作的基本内容，下面再总结一下模型 UVWs 编辑的整体流程：

（1）对模型物体添加 UVW Map 修改器，根据模型选择合适的贴图投射方式，并调整 Gizmo 的对齐方式。

（2）为模型物体添加 Unwrap UVW 修改器。

（3）对于结构简单的模型物体，直接进入 Edit UVWs 进行 UV 网格的调整和编辑。

（4）对于复杂结构的模型物体，通过 Unwrap UVW 修改器的子层级，重新划分缝合线，并通过 Pelt 平展命令对模型物体的 UV 网格进行编辑。

（5）在 3ds Max 的堆栈窗口中将所有修改器塌陷为可编辑的多边形，为模型物体保存已经编辑好的 UVWs 信息。

模型贴图坐标的操作在 3ds Max 软件中是一个比较复杂的部分，对于新手来说有一定难度，但只要理解其中的核心原理并掌握关键的操作部分，其实这部分内容并没有想象中的困难。想要熟练掌握模型贴图坐标的编辑操作技巧不是一朝一夕的事，往往需要经年累月的积累，在每次实践操作中不断总结经验，为自己的专业技能打下坚实的基础。

3.5.2　游戏模型贴图的制作

贴图对于游戏模型的意义以及在游戏制作中的作用在前面的章节中已经多次提到，这里不再重复介绍。在本节中主要对游戏制作中贴图的具体要求进行讲解，并结合具体实例掌握游戏贴图的制作技巧。

现在大多数游戏公司尤其是 3D 网络游戏制作公司，最常用的模型贴图格式为.DDS 格式，这种格式的贴图在游戏中可以随着玩家操控角色与其他模型物体间的距离来改变贴图自身尺寸，在保证视觉效果的同时节省了大量资源。

在三维游戏制作中，贴图的尺寸通常为 8×8、16×16、32×32、64×64、128×128、512×512、1024×1024 等像素尺寸，一般来说常用的贴图尺寸是 512×512 和 1024×1024，可能在一些次时代游戏中还会用到 2048×2048 的超大尺寸贴图。有时候为了压缩图片尺寸，节省资源，贴图尺寸不一定是等边的，竖长方形和横长方形也是可以的，例如 128×512、1024×512 等。

三维网络游戏的制作其实可以概括为一个"收缩"的过程，考虑到引擎能力，考虑到硬件负荷，考虑到网络带宽，考虑到其他一切因素，都不得不迫使在游戏制作中要尽可能地节省资源。游戏模型不仅要制作成低模，而且在最后导入游戏引擎前还要进一步删减模型面数。游戏贴图也是如此，作为游戏美术师要尽一切可能让贴图尺寸降到最低，把贴图中的所有元素尽可能地堆积到一起，并且还要尽量减少模型应用的贴图数量（见图 3-59）。总之，在导入引擎前，所有美术元素都要尽可能精炼，这就是"收缩"的概念。虽然现在的游戏引擎技术飞速发展，对于资源的限制逐渐放宽，但节约资源的理念应该是每一位三维游戏美术师所奉行的基本原则。

图 3-59　这张贴图将所有元素集中到了一起，几乎没有剩余的 UV 空间

对于要导入游戏引擎的模型，其命名都必须用英文，不能出现中文字符。在实际游戏项目制作中，模型的名称要与对应的材质球和贴图命名统一，以便于查找和管理。模型的命名通常包括前缀、名称和后缀三部分。例如，建筑模型可以命名为 JZ_Starfloor_01，不同模型之间不能出现重名。

与模型命名一样，材质和贴图的命名同样不能出现中文字符。模型、材质与贴图的名称要统一，不同贴图不能出现重名现象，贴图的命名同样包含前缀、名称和后缀，例如 jz_Stone01_D。在实际游戏项目制作中，不同的后缀名代指不同的贴图类型，通常来说，_D 表示 Diffuse 贴图，_B 表示凹凸贴图，_N 表示法线贴图，_S 代表高光贴图，_AL 表示带有 Alpha 通道的贴图。不同的游戏引擎和不同的游戏制作公司，在贴图格式和命名上都有各自的具体要求，这里无法一一具体介绍。如果是在日常的练习或个人作品中，贴图格式存储为 TGA 或 JPG 就可以了，下面介绍几种常用的贴图形式。

通常三维游戏场景模型常见的贴图形式有两种：拼接贴图和循环贴图。拼接贴图是指在模型制作完成后将模型的全部 UV 平展到一张或多张贴图上，拼接贴图多用来制作雕塑、场景道具以及特殊的建筑元素等，图 3-62 就属于拼接贴图。一般来说，拼接贴图用 1024×1024 尺寸的贴图就足够，但对于体积庞大、细节过于复杂的模型，也可以将模型拆分为不同部分并将 UV 平展到多张贴图上。

在游戏场景制作中，尤其是建筑模型中，更多是利用循环贴图。循环贴图不需要将模型 UV 平展后再绘制贴图，可以在模型制作时同步绘制贴图，然后用模型中不同面的 UV 坐标去对应贴图中的元素。相对于拼接贴图，循环贴图更加不受限制，可以重复利用贴图中的元素，对于建筑墙体、地面等结构简单的模型具有更大优势（见图 3-60）。循环贴图的知识在前面章节中已经讲过，这里不再过多涉及。

图 3-60　场景建筑墙面模型循环贴图

接下来再谈一下游戏贴图的风格，一般来说游戏贴图的风格主要分为写实风格和手绘风格。写实风格的贴图一般都是用真实的照片来进行修改，而手绘风格的贴图主要是靠制作者的美术功底来进行手绘。其实贴图的美术风格并没有十分严格的界定，只能看是侧重于哪一方面，是偏写实或者是偏手绘。写实风格主要用于真实背景的游戏中，手绘风格主要用在 Q 版卡通游戏中。当然，一些游戏为了标榜独特的视觉效果，也采用偏写实的手绘贴图。贴图的风格并不能真正决定一款游戏的好坏，重要的还是制作的质量，这里只做简单介绍让大家了解不同贴图所塑造的美术风格。

图 3-61 左侧是手绘风格的游戏贴图，其中瓦片和瓦当等全部由手绘完成，整体风格偏卡通，适合用于 Q 版游戏。手绘贴图的优点是：整体都是用颜色绘制，色块面积比较大，

而且过渡柔和，在贴图放大后不会出现明显的贴图拉伸和变形痕迹。图 3-61 右侧为写实风格的贴图，图片中大多数元素的素材都取自真实照片，通过 Photoshop 的修改编辑形成了符合游戏中使用的贴图，这张贴图同时也是一张二方连续贴图。写实贴图的细节效果和真实感比较强，但如果模型 UV 处理不当会造成比较严重的拉伸和变形。

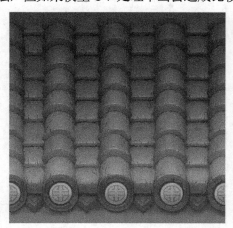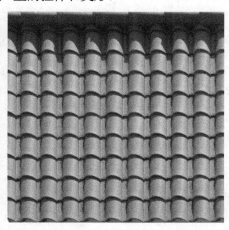

图 3-61　手绘贴图与写实贴图

下面通过一张石砖贴图的制作实例来学习游戏模型贴图的基本绘制流程和方法。首先，在 Photoshop 中创建新的图层，根据模型 UV 网格绘制出石砖的基本底色，留出石砖之间的黑色缝隙。接下来开始绘制每一块石砖边缘的明暗关系，相对于石砖本身，边缘转折处应该有明暗的变化（见图 3-62）。

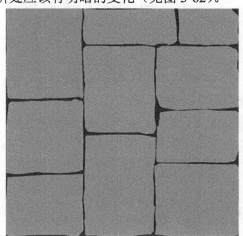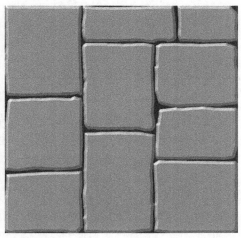

图 3-62　绘制贴图底色

现在的石砖边缘稍显生硬，需要绘制石砖边缘向内的过渡，让石砖边缘显出凹凸的自然石质倒角效果，然后在每一块石砖内部开始绘制裂纹，制作出天然的沧桑和旧化感觉（见图 3-63）。

继续绘制裂纹的细节，利用明暗关系的转折让裂纹更加自然真实。接下来选用一些肌理丰富的照片材质进行底纹叠加，可以叠加多张不同的材质，图层的叠加方式可以选择 Overlay、Multiply 或者 Softlight，强度可以通过图层透明度来控制。通过叠加纹理增强了贴图的真实感和细节，这样制作出来的贴图就是偏写实风格的贴图（见图 3-64）。

图 3-63　绘制倒角和裂纹

图 3-64　绘制裂纹细节和叠加贴图

　　以上所有步骤都是利用黑、白、灰色调对贴图进行绘制，最后给贴图整体叠加一个主色调，并对石砖边缘的色彩进行微调，使之具有色彩变化，更具自然感（见图 3-65）。

图 3-65　添加色彩

制作完成的贴图要通过材质编辑器添加到材质球上，然后才能赋给模型。在 3ds Max 的工具按钮栏点击材质编辑器按钮或者点击键盘上的"M"键，可以打开 Material Editor 材质编辑器。材质编辑器的内容复杂并且功能强大，然而对于游戏制作来说这里应用的部分却十分简单，因为游戏中的模型材质效果都是通过游戏引擎中的设置来实现的，材质编辑器里的参数设定并不能影响游戏实际场景中模型的材质效果。在三维模型制作时，我们仅仅利用材质编辑器将贴图添加到材质球的贴图通道上。普通的模型贴图只需要在 Maps（贴图通道）的 Diffuse Color（固有色）通道中添加一张位图（Bitmap）即可，如果游戏引擎支持高光和法线贴图（Normal Map），那么可以在 Specular Level（高光级别）和 Bump（凹凸）通道中添加高光和法线贴图（见图 3-66）。

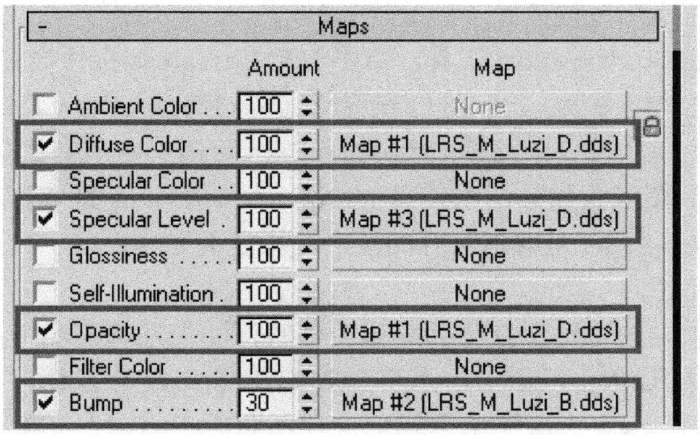

图 3-66　常用的材质球贴图通道

除此以外，游戏模型贴图还有一种特殊的类型——透明贴图。所谓透明贴图就是带有不透明通道的贴图，也称为 Alpha 贴图。例如，游戏制作中的植物模型的叶片、建筑模型中栏杆等复杂结构以及生物模型的毛发等都必须用透明贴图来实现。图 3-67 左边就是透明贴图，右边就是它的不透明通道。在不透明通道中白色部分为可见，黑色部分为不可见，这样最后在游戏场景中就实现了带有镂空效果的树叶。

图 3-67　Alpha 贴图效果

通常在实际制作中我们会在 Photoshop 中将图片的不透明通道直接作为 Alpha 通道保存到图片中，然后将贴图添加到材质球的 Diffuse Color 和 Opacity（透明度）通道中。要注意，只将贴图添加到 Opacity 通道还不能实现镂空效果，必须要进入此通道下的贴图层级，将 Mono Channel Output（通道输出）设定为 Alpha 模式，这样贴图在导入到游戏引擎后就会实现镂空效果。关于 Alpha 贴图会在后面章节中详细讲解。

最后介绍一下 3ds Max 中关于贴图方面的常用工具以及实际操作中常见的问题和解决技巧。在 3ds Max 命令面板的最后一项工具面板中，在工具列表中可以找到 Bitmap/Photometric Paths（贴图路径）工具（见图 3-68），这个工具便于在游戏制作中快速指定材质球所包含的所有贴图路径。在项目制作过程中，我们会经常接到从其他制作人员电脑中传输过来的游戏场景制作文件，或者是从公司服务器中下载的文件。当我们在自己的电脑上打开这些文件时，有时会发现模型的贴图不能正常显示，其实大多数情况下并不是因为贴图本身的问题，而是因为文件中材质球所包含的贴图路径发生了改变。如果单纯用手工去修改贴图路径，操作将变得十分烦琐，这时如果用 Bitmap/Photometric Paths 工具，那么将会非常简单方便。

点击 Bitmap/Photometric Paths 工具，单击 Edit Resources 按钮会弹出一个面板窗口。右侧的按钮 Close 是关闭面板；Info 可以查看所选中的贴图；Copy Files 可以将所选的贴图复制到指定的路径或文件夹中；Select Missing Files 可以选中所有丢失路径的贴图；Find Files 可以显示本地贴图和丢失贴图的信息；Strip Selected Paths 是取消所选贴图之前指定的贴图路径；Strip All Paths 是取消所有贴图之前指定的贴图路径；New Path 和 Set Path 用来设定新的贴图路径。

当我们打开从别人的电脑上获得的制作文件时，如果发现贴图不能正常显示，则可通过 Bitmap/Photometric Paths Editor，点击 Select Missing Files 按钮，首先查找并选中丢失路径的贴图，然后在 New Path 中输入当前文件贴图所在的文件夹路径，并通过 Set Path 重新指定路径，这样场景文件中的模型就可以正确显示贴图了。

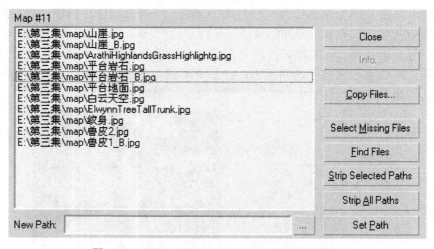

图 3-68　Bitmap/Photometric Paths 工具面板窗口

在电脑上首次装入 3ds Max 软件后，打开模型文件会发现原本清晰的贴图变得非常模糊。遇到这种情况并不是贴图的问题，也不是场景文件的问题，而是需要对 3ds Max 的驱动显示进行设置。在 3ds Max 菜单栏 Customize（自定义）菜单下点击 Preferences，在弹出的窗口中选择 Viewports（视图设置），然后通过面板下方的 Display Drivers（显示驱动）来进行设定。Choose Driver 是选择显示驱动模式，这里要根据计算机自身显卡的配置来选择。Configure Driver 是对显示模式进行详细设置，单击后会弹出面板窗口（见图 3-69）。

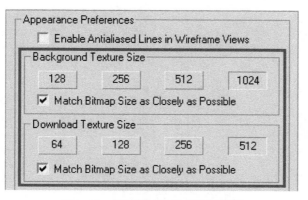

图 3-69　对软件显示模式进行设置

　　将 Background Texture Size（背景贴图尺寸）和 Download Texture Size（下载贴图尺寸）分别设置为最大的 1024 和 512 格式，并分别勾选 Match Bitmap Size as Closely as Possible（尽可能接近匹配贴图尺寸），然后点击"保存"按钮并关闭 3ds Max 软件，当再次启动 3ds Max 时贴图就可以清晰地显示了。

　　想要了解更多关于 3ds Max 软件与游戏贴图方面的内容，可以通过扫描图 3-70 和图 3-71 所示的二维码来观看视频课程。

图 3-70　《3ds Max 贴图坐标详解》视频课程

图 3-71　《游戏贴图的奥秘》视频课程

网络游戏场景元素模型制作

4.1 游戏场景元素的概念及分类

游戏场景元素是指在 3D 游戏制作中除主体建筑以外可以用于游戏场景的其他 3D 模型，包括场景植物模型、山石模型以及各种场景道具模型等。在前面的章节中已经讲过，要制作一个系统的三维游戏场景，首先要创建场景的地图区块和地表，然后需要对其添加各种场景主体建筑模型，但这样只能形成一个大致的场景景观，缺乏层次、细节和真实感，所以之后还需要利用各种场景细节模型对其进行填充和丰富，我们将这些模型统称为游戏场景元素。本章将针对网络游戏场景中常见的植物、山石以及场景道具等模型元素进行详细讲解。

4.1.1 场景植物模型

自然生态场景是三维网络游戏中的重要构成部分，游戏中的野外场景在大多数情况下就是在营造自然的环境氛围，除去天空、远山这些在游戏中距离玩家较远的自然元素外，在地表生态环境中最主要的表现元素就是植物。植物模型可以解决野外场景过于空旷、缺少主体表现元素的弱点，同时还能够起到修饰场景色彩的作用。

在早期的三维游戏中，游戏场景基本设定在室内，很少出现野外场景，即使是野外场景也很难见到植物模型，只有远景中才会出现植物的影子，早期的三维技术还很难解决自然环境中植物模型的制作问题。在 3D 加速显卡出现后，伴随计算机硬件的支持，三维技术有了较大的进步和发展，这时的很多游戏都出现了野外场景，同时也会看到越来越多的三维植物模型，但这些模型与现在的相比仍然十分简陋，直到后期不透明贴图技术的出现才从真正意义上解决了三维游戏中植物模型的制作问题（见图 4-1）。

图 4-1　游戏场景中利用 Alpha 贴图技术制作的植物模型

在如今的游戏研发领域中，植物模型的制作仍然是三维场景美术师需要不断研究的课题，在业内有一句行话："盖得好十座楼，不如插好一棵树。"由此便能看出植物模型对于三维制作人员技术和能力的要求。在许多大型游戏制作公司的应聘考试中，制作植物模型成为经常涉及的选题，往往通过简单的"一棵树"就能够清楚地看出应聘者能力水平的高低。

　　要想将三维场景植物模型制作得生动自然，就必须抓住植物模型的特点。对于场景植物模型来说，其特点主要从结构和形态两方面来看。所谓结构主要指自然植物的共性结构特征，而形态就是指不同植物在不同环境下所表现出的独特生长姿态，只要抓住植物这两方面的特点，就能将自然界千姿百态的花草树木植入到虚拟世界中。

　　我们以自然界中的树木为例来看植物的结构特征。从图 4-2 左图中可以看出，树木作为自然界中的木本植物，主要由两大部分构成：树干和树叶。而树干又可以细分为主干、枝干和根系。以树木所在的地平面为基点，向下延伸出植物的根系，向上延伸出植物的主干，随着主干的延伸逐渐细分出主枝干，主枝干继续延伸细分出更细的枝干，在这些枝干末端生长出树叶，这就是自然界中树木的基本结构特征。

图 4-2　自然界中的树木与高精度树木模型

　　图 4-2 右图是一棵树木的高精度模型，从主干到枝干，包括每片树叶都是多边形模型实体，显然这样的模型面数根本无法应用于游戏场景中，即使除去叶片只制作主干和枝干，这样的工作量也是无法完成的，何况游戏野外场景中要用到大量的植物模型，所以要利用多边形建模的方式来制作植物模型是不现实的。现在游戏场景中植物模型的主流制作方法是利用 Alpha 贴图来制作植物的枝干和叶片，在专业领域中称之为"插片法"，在后面的内容中将详细讲解"插片法"的制作流程。

　　除了植物的结构特征，我们还必须掌握植物的形态特征。植物形态就是指不同植物在不同环境下所表现出的独特生长姿态。例如，就绿叶植物来说，温带地区和热带地区的植物在形态上有很大的区别；对于热带地区，生长在水域附近的植物与沙漠中的植物形态更是各异；而对于热带和寒带地区，不同区域植物的形态差异会更大。以上所说的都属于区域植物间的形态差异，而对于同一地区，甚至相邻的两棵植物都可能会具有各自的形态。作为三维游戏场景美术师，我们必须要掌握植物的形态特征，只有这样才能让虚拟的植物模型散发出自然的生机。下面总结一下在网络游戏场景中常见的植物模型类型。

游戏场景植物模型的种类
普通树木，在自然场景中最为广泛应用的树木模型，可以根据不同风格的场景改变树叶的颜色，如红枫、银杏等（见图4-3）。  图4-3　普通树木
各种花草植物，大量应用在地表模型上（见图4-4）。  图4-4　花草植物
灌木，与花草模型穿插使用，也作为地表低矮植物模型（见图4-5）。  图4-5　灌木

游戏场景植物模型的种类
松树，应用在高原或高山场景中（见图 4-6）。  图 4-6　松树
竹子，特殊植物，主要用于大面积竹林的制作（见图 4-7）。  图 4-7　竹子
柳树，多用于江南场景的制作（见图 4-8）。  图 4-8　柳树

游戏场景植物模型的种类
花树，在野外场景中与普通树木穿插使用，也可以用来制作大面积的花树林，在游戏中较常见的是桃花、梅花等（见图 4-9）。  图 4-9　花树
热带植物，多用于热带场景的制作，主要为棕榈科植物（见图 4-10）。  图 4-10　热带植物
巨型树木，通常在标志性场景或独立场景中作为场景主体（见图 4-11）。  图 4-11　巨型树木

游戏场景植物模型的种类
沙漠植物，用于沙漠场景，常见的有仙人掌、骆驼刺等（见图 4-12）。  <div align="center">图 4-12　沙漠植物</div>
雪景植物，覆雪场中使用的植物模型，以雪松为主（见图 4-13）。  <div align="center">图 4-13　雪景植物</div>
枯木，多用于荒凉场景或恐怖场景（见图 4-14）。  <div align="center">图 4-14　枯木</div>

4.1.2　场景山石模型

游戏场景中的山石实际上包含两个概念——山和石。山是指游戏场景中的山体模型，石是指游戏场景中独立存在的岩石模型。游戏场景中的山石模型在整个三维网络游戏场景设计和制作范畴中是极为重要的一个门类和课题，尤其是在游戏野外场景的制作中，山石模型更是发挥着重要的作用，它与三维植物模型一样都属于野外场景的常见模型元素。

图 4-15 中远处的高山就是山体模型，而近景处的岩石则是岩石模型。山体模型在大多数游戏场景中分为两类：一类是作为场景中的远景模型，与引擎编辑器中的地表配合使用，作为整个场景的地形山脉而存在，这类山体模型通常不会与玩家发生互动关系，简单地说就是玩家不可攀登；另一类则恰恰相反，需要建立与玩家间的互动关系，此时的山体模型在某种意义上也承担了地表的作用。这两类山体模型并不是对立存在的，往往需要相互配合使用，才能让游戏场景达到更加完整的效果。

图 4-15　游戏场景中的山体模型和岩石模型

游戏场景中的岩石模型也可以分为两类：一类是自然场景中的天然岩石模型，另一类是经过人工处理的岩石模型，如石雕、石刻、雕塑等。前者主要用于游戏野外场景中，后者多用于建筑场景中。其实从模型作用效果来看，游戏场景岩石模型也属于游戏场景道具模型的范畴，只不过形式和门类比较特殊，所以将其单独分类来学习。

山石模型在游戏场景中相对于建筑模型和植物模型来说可能并不起眼，有时甚至只会存在于边沿角落，但它对于游戏场景整体氛围的烘托功不可没，尤其在游戏野外场景中，一块岩石的制作水平，甚至摆放位置都能直接决定场景真实性的表现力。下面针对游戏场景中常用的山石模型结合图片进行分类介绍。

（1）用于构建场景地形的远景山体模型（见图 4-16）。

（2）作为另类地表的交互山体模型（见图 4-17）。

（3）野外场景中散布在地表地图中的单体或成组岩石模型（见图 4-18）。

图 4-16　远景山体模型

图 4-17　交互山体模型

图 4-18　单体岩石模型

（4）用于城市或园林建筑群中的假山观赏石模型（见图4-19）。

图 4-19　假山观赏石模型

（5）带有特殊雕刻的场景装饰岩石模型（见图4-20）。

图 4-20　场景装饰岩石模型

（6）岩石模型还有一个特殊应用，就是用来制作洞窟、地穴等场景，由于这些场景的特点决定了场景整体都要用岩石模型来制作，很多游戏中大型的地下城与副本都是通过这种形式来表现的（见图4-21）。

图 4-21　利用岩石模型制作的洞穴场景

4.1.3　场景道具模型

场景道具模型是指在游戏场景中用于辅助装饰场景的独立模型物件，它是构成游戏场景最基本的美术元素之一。比如，室内场景中的桌椅板凳，大型城市场景中的雕塑、道边护栏、照明灯具、美化装饰等，这些都属于游戏场景道具模型。场景道具模型的特点是：小巧精致、带有设计感且可以不断复制以循环利用。

场景道具模型在游戏场景中虽然不能作为场景主体模型，但却发挥着不可或缺的作用。比如，当制作一个酒馆或驿站的场景时，就必须为其搭配制作相关的桌椅板凳等场景道具；再如，当制作一个城市场景时，花坛、路灯、雕塑、护栏等也是必不可少的。在场景中制作、添加适当的场景道具模型，不仅可以增加场景整体的精细程度，而且可以让场景变得更加真实自然，符合历史和人文的特征（见图 4-22）。

图 4-22　细节丰富的游戏场景道具模型

由于场景道具模型通常要大面积复制使用，为了减少硬件负担，增加游戏整体的流畅度，场景道具模型必须在保证结构的基础上尽可能降低模型面数，结构细节主要通过贴图来表现，这样才能保证模型在游戏场景中被充分利用。

4.2　游戏场景植物模型实例制作

在进行实例制作之前，我们先了解 Alpha 贴图的概念。所谓 Alpha 贴图，也叫作 OpacityMap（不透明度贴图），是指图片文件的通道信息中除了 CMYK 四色通道以外还存在 Alpha 黑白通道的图片。Alpha 黑白通道通常是勾勒出图片中主体图像的外部轮廓剪影，然后通过程序计算实现镂空的效果，这就是我们经常所说的镂空贴图。

Alpha 贴图在游戏制作中的应用范围及其广泛，在建筑模型制作中为了节省模型面数，经常用 Alpha 贴图来制作栏杆、围栏、篱笆等，游戏中的水体贴图、粒子特效贴图等也都是利用 Alpha 贴图，而场景植物模型中的枝叶、花草等更是必须应用 Alpha 贴图来实现，下面介绍植物模型 Alpha 贴图的制作方法。

通常在 Photoshop 中绘制植物贴图前，需要在背景图层之上新建一个图层，在新建的图层中首先绘制植物细节枝干的部分，然后再创建一个新的图层来绘制植物的树叶部分，最后按住"Ctrl"键来点选树枝和树叶两个图层，随即在通道面板中创建出图片的 Alpha 通道。之后可以根据游戏引擎的要求将其保存为.TGA 或者.DDS 格式的图片文件（见图 4-23）。

图 4-23　植物模型的 Alpha 贴图

3D 游戏场景植物模型主要用"插片法"来制作。所谓的插片法就是为避免产生过多模型面数，用 Alpha 贴图来制作植物枝干和叶片的方法。首先需要在 Photoshop 中制作出贴图的 Alpha 通道，并存储为带有通道的不透明贴图格式，然后将贴图添加到 3ds Max 的材质球上，分别需要指定到材质球的 Diffuse 和 Opacity 通道中。如果想要在 3ds Max 的视图中看到镂空效果，则需要进入 Opacity 通道，将 Mono Channel Output 选项设置为 Alpha 模式，将材质球添加到 Plane 面片模型上，就会看到不透明贴图的效果了，这样当 Plane 模型面对摄像机时就会模拟出非常好的植物叶片效果（见图 4-24）。

在实际的三维游戏中，玩家可以从任意视角观察模型，所以当摄像机转到 Plane 侧面时就会出现"穿帮"，这就是插片法需要解决的问题。图 4-25 左侧就是带有通道的植物贴图，为了解决穿帮的问题，可以将 Plane 模型按中轴线旋转复制，并与原来的 Plane 模型成 90°，同时制作为双面效果，这样无论摄像机从哪个角度观看都不会出现之前那样的穿帮现象，这就是在三维场景植物制作中常用的"十字插片法"。十字插片法是三维游戏雏形时期用来制作树木的主要方法，但如果将这样的植物模型大面积用在游戏场景中，尤其是近景区域，那么整体效果将会十分粗糙。所以现在的三维游戏制作中，类似这样的植物模型通常用于玩家无法靠近的远景区域，或者用来制作地表的花草植被、低矮灌木等。

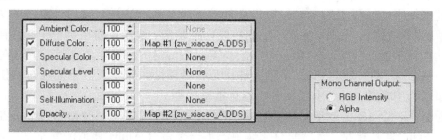

图 4-24　在 3ds Max 中添加显示 Alpha 贴图

图 4-25　十字插片法

　　虽然我们无法利用一组十字插片的 Plane 模型作为树木模型，但利用这种原理却延伸出了当今三维游戏树木植物制作的基本方法。我们可以绘制一组树木枝干连同树叶的 Alpha 贴图，将其添加到 Plane 模型上，并制作成一组十字插片，然后将这组十字片复制穿插到树木主干上，通过旋转、缩放、复制等操作最终制作出完整的树木模型（见图 4-26）。

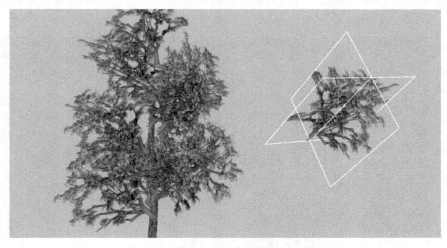

图 4-26　利用十字插片法制作树木模型

对于 3D 网络游戏场景中树木模型的制作要注意三点：①要严格控制模型面数，因为树木模型要在场景中大面积使用，必须要尽可能地节省资源；②树木模型的形态不能制作得过于夸张，要保证其普通的特性，模型枝干和叶片要均匀制作，可以通过旋转不同的角度来使用；③模型的 Alpha 贴图要能够随时替换，这样可以通过替换贴图来快速制作出新的树木模型。另外，Alpha 贴图绘制得越精细、真实，通道镂空也越精确，最后整体的叶片效果就会越好。植物贴图的绘制需要在日常的制作中不断练习，在随书光盘中提供了众多优秀的植物贴图，希望能够作为参考帮助大家学习。下面通过实例制作具体讲解如何利用插片法来制作 3D 游戏场景植物模型。

下面制作一个 3D 游戏场景中的花草植物模型。首先，打开 3ds Max 软件，在视图中创建一个 Plane 面片模型，然后向材质球中添加一个带有 Alpha 通道的绿草贴图，并将其添加到 Plane 模型上（见图 4-27）。

图 4-27　为 Plane 模型添加 Alpha 贴图

接下来选中 Plane 模型，点击视图右侧的 Hierarchy 面板，通过 Affect Pivot Only 按钮激活模型的轴心点，将其向一侧移动（见图 4-28）。然后关闭 Affect Pivot Only 按钮，选中 Plane 模型，按住"Shift"键将模型进行旋转复制，将其互相围绕成三角形结构（见图 4-29）。

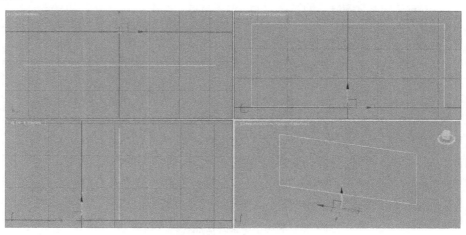

图 4-28　调整轴心点

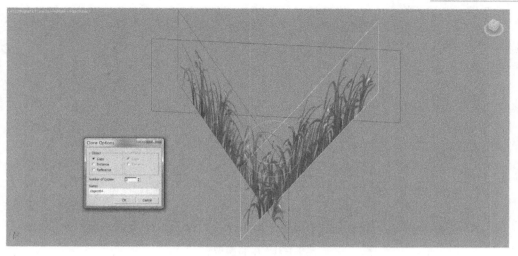

图 4-29　旋转复制

对于地表上单棵的花草植物，一般会利用十字插片法进行制作，而对连成片的草丛，则通常利用上面的方法进行制作，这样基本形成了一个从任何侧面角度观看都不会"穿帮"的模型结构。当然，仅仅这样做还不够，下面还要对其进行细化处理。

在 3 个 Plane 模型围成的三角形正中间创建一个八边圆柱体模型（见图 4-30），将其塌陷为可编辑的多边形，首先删除模型顶面和底面，然后进入点层级调整相应顶点，利用缩放命令将模型上面制作成喇叭口形状（见图 4-31）。同时为其添加与 Plane 相同的 Alpha 贴图，由于圆柱体自带贴图坐标，所以这里只需要进入 UV 编辑器调整 UV 网格即可。接下来为了制作细节效果，将编辑完成的圆柱体模型复制一份，利用缩放命令向内收缩调整，形成内部的花草层次细节（见图 4-32）。

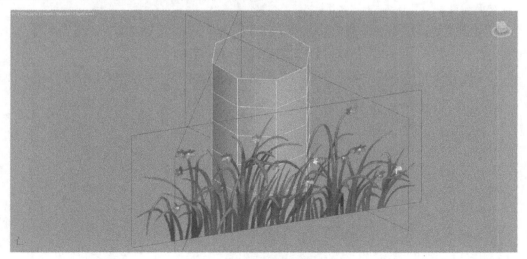

图 4-30　创建圆柱体模型

利用圆柱体模型编辑制作花的茎部结构。由于模型较细，为了减少模型面数，这里将圆柱体边数设定为 3，在茎的顶部可以将模型顶点全部焊接为一个点（见图 4-33）。

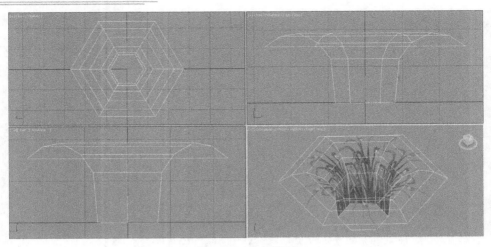

图 4-31　编辑模型

图 4-32　复制模型制作层次细节

图 4-33　制作茎部

接下来利用十字 Plane 面片模型制作茎部上方的花（见图 4-34），这里就是典型的十字插片法的应用，花的贴图也是 Alpha 贴图（见图 4-35）。

图 4-34　制作十字面片

图 4-35　添加花贴图后的效果

　　至此，模型就基本制作完成了，但这时的模型都是单面的，没有双面效果，下面介绍双面模型的制作方法。植物模型制作完成后，在导入游戏引擎编辑器之前，三维美术师必须在 3ds Max 中将植物带有 Alpha 贴图的模型部分处理成双面效果。最简单的方法就是勾选材质球设置中的"2-Sided"选项（见图 4-36 左侧），这样贴图材质就有了双面效果，虽然现在大多数的游戏引擎也支持这种设置，但这是一种不可取的方法，主要是因为这种方式会大大加重游戏引擎和硬件的负担，在游戏公司实际项目制作中不提倡这种做法。

　　正确的做法是：选择植物叶片模型，按"Ctrl+V"组合键原位置复制（Copy）一份模型，然后在堆栈命令列表中为新复制出的模型添加 Normal（法线）命令，将新复制的模型法线进行翻转，从而形成无缝相交的双面模型效果（见图 4-36 右侧）。虽然这种方法增加了模型面数，但并没有给引擎和硬件增加多少负担，这也是当前游戏制作领域中最为通用的双面模型效果的制作方法。

　　我们在视图中将制作完成的花草植物模型进行穿插复制摆放，利用旋转和缩放命令进行调整，让整体模型更加自然，这样可以模拟游戏引擎中实际场景的效果（见图 4-37）。

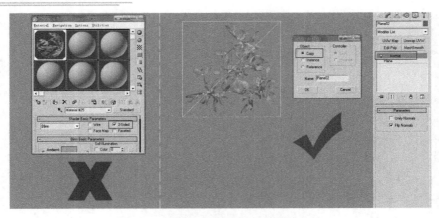

图 4-36　植物双面效果的正确制作方法

图 4-37　最终完成的效果

　　下面利用十字插片法来制作更为复杂的树木植物模型。制作树木时通常先制作树干部分，然后再利用十字插片法制作树叶部分，树干的制作又包括主干、支干以及树根等模型结构的制作。

　　首先，在 3ds Max 视图中创建一个圆柱体模型，将其作为树干的基础模型，圆柱体的边数和分段数设置没有太多要求，因为后面都要通过编辑多边形命令来进一步制作和编辑（见图 4-38）。然后需要将模型塌陷转换为可编辑的多边形，在点层级下进行编辑，将圆柱体调整为弯曲的树干结构（见图 4-39）。

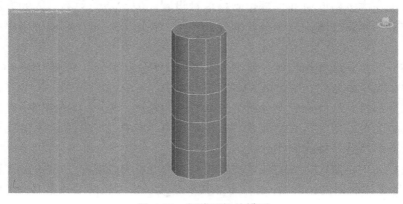

图 4-38　创建圆柱体模型

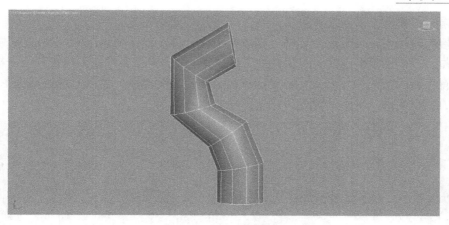

图 4-39　编辑弯曲模型

　　通常树干的自然生长都是越近末端越细，所以这里要利用缩放对模型顶点进行编辑，同时利用面层级下的挤出命令完成整个主干模型的制作（见图 4-40）。

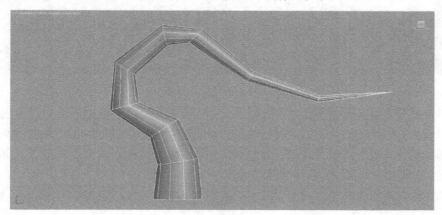

图 4-40　制作主干模型

　　接下来制作树木的枝干模型，与主干模型的制作方法基本相同，都是利用圆柱体模型作为基础模型进行多边形编辑，通常将圆柱体设置为 6 边或 8 边比较合适。然后适当调整弯曲程度，让枝干模型更加自然（见图 4-41）。

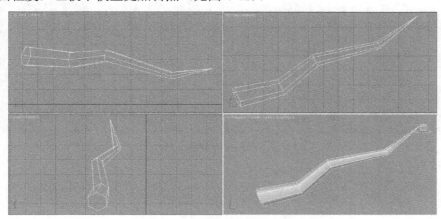

图 4-41　利用圆柱体制作枝干模型

通常枝干模型不需要制作很多，制作 3 种不同形态的基本模型就足够用了，因为在实际拼接的过程中，可以通过旋转、缩放等命令让同一枝干表现出不同形态的效果，甚至只制作一个枝干模型也能表现树枝的千姿百态。接下来需要将枝干拼接到主干模型上，这里没有什么固定的制作方式，尽量让树枝自然生动就可以，然后要通过四视图观察各个角度的模型效果，尽量不留死角（见图 4-42）。

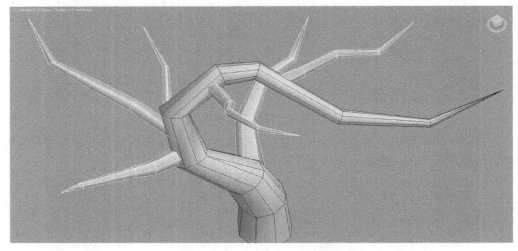

图 4-42　拼接枝干模型

接下来需要在主干模型根部制作添加一些细节结构，利用多边形边层级下的 Cut 命令切割出新的边线和分段，制作出主干上的凹陷模型结构（见图 4-43）。然后进入面层级选择根部的两个多边形面，利用挤出命令制作树根模型结构，同时要不断调整顶点让树根结构更加自然生动（见图 4-44 和图 4-45）。

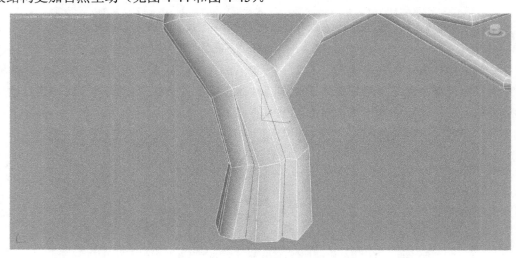

图 4-43　制作主干细节结构

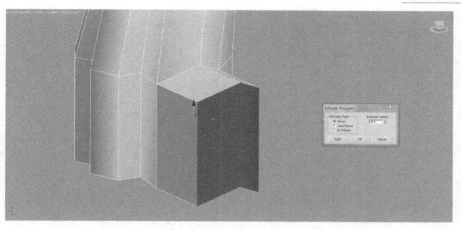

图 4-44　利用挤出命令制作树根模型

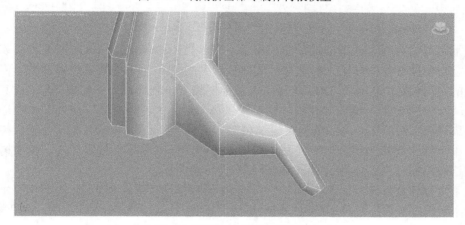

图 4-45　进一步编辑树根模型

　　利用相同方法制作出其他的树根模型。注意，为了节省模型面数，应对树根间多余的顶点进行焊接，图 4-46 所示为制作完成的树根模型效果，图 4-47 所示为制作完成的树干模型效果。

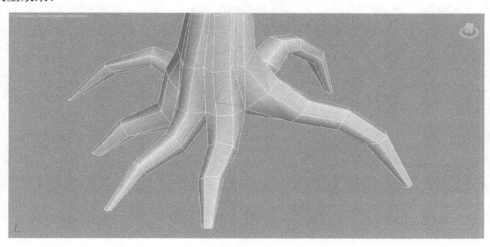

图 4-46　制作完成的树根模型

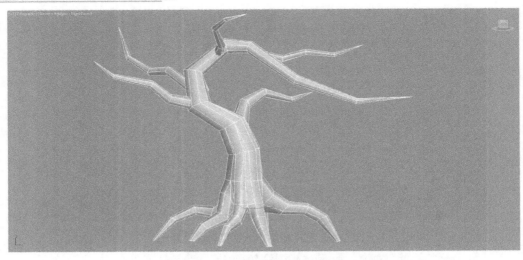

图 4-47　制作完成的树干模型

　　接下来需要为树干模型添加贴图，由于主干和枝干都是由圆柱体模型编辑而成的，所以模型自带圆柱体的贴图坐标映射，这部分模型的 UV 基本不需要过多调整。需要额外注意的是树根部分的模型 UV，这里可以在面层级下单独选择一条树根模型，对其添加 Unwrap UVW 修改器，然后选择圆柱体贴图坐标映射方式，再对其利用 Pelt 命令进行平展和细节调整，然后逐一完成其他树根模型的 UV 平展（见图 4-48）。制作完成后树根顶部与主干下端相衔接的部分会出现贴图相交的边缝，但其实不用过多担心，由于树皮采用四方连续贴图（见图 4-49），所以接缝并不会特别明显。

　　接下来制作树叶部分。首先制作十字 Plane 面片模型，将两个 Plane 模型相互垂直交叉，具体制作方法前面已经讲解过了。然后为其添加 Alpha 树枝和树叶贴图，这里采用 4 种不同形态的枝叶贴图，目的是为了让整体效果更加生动自然（见图 4-50）。

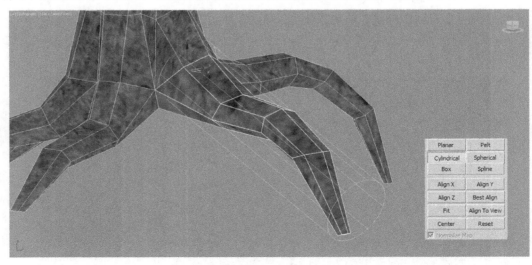

图 4-48　树根模型的 UV 平展

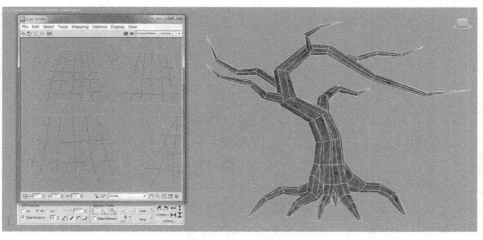

图 4-49　树干添加树皮贴图

图 4-50　制作十字面片模型

　　然后将十字面片树枝贴图根部穿插在树干上，首先从树梢开始（见图 4-51），可以通过旋转缩放命令调整十字片的形态，让其富有多样性变化，沿着树干逐渐复制十字片，让其布满整个树干区域（见图 4-52）。

图 4-51　将十字片插在树干上

图 4-52　让十字片布满树干

插片的方法并不复杂，关键是要让面片与树干结合得自然，同时密布整个树木。在插片时要时刻观察四视图，及时调整面片的位置，保证面片模型在各个视角中的形态美观，同时尽量减少十字片之间的穿插。图 4-53 所示为树木模型最后完成的效果，整个树木模型一共用了不到 1000 个多边形面，完全符合 3D 网络游戏场景的制作要求。

图 4-53　最后完成的模型效果

其实，制作树木模型还有另一种插片方法：将一个 Plane 面片模型的横竖分段设置为 2，也就是"田"字片；然后将"田"的中心顶点拉曳制作为凸起状，这样 Plane 模型从侧面观察也会有厚度的效果，同时避免了穿帮的情况（见图 4-54）。

图 4-54　制作"田"字片

图 4-55 所示是一个桃树植物模型。当制作完成树干后开始进行插片，这时就可以利用田字片来进行制作，将枝干、树叶和花全部绘制在 Alpha 贴图上，然后将田字片插接在桃树的主干模型上。图 4-56 所示为插片完成的顶视图效果，用这种方法即使用很少的面片模型也能制作出非常好的树叶效果。与十字片不同的是，这种插片方法对于贴图绘制的要求更高，因为田字片通常比较大，需要贴图的尺寸更大、细节更多。

图 4-55　利用田字片进行插片

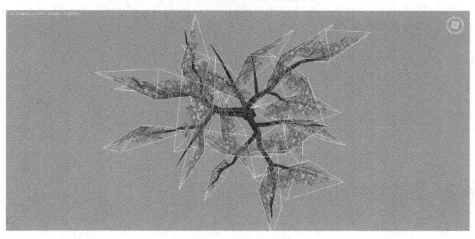

图 4-56　插片顶视图效果

除此以外，一些特殊的植物模型也都可以利用插片法来制作，如竹子模型。竹子在游戏场景中无法单独使用，通常是制作成片的竹林整体模型。单棵竹子的模型结构十分简单，主要由竹竿和竹叶两部分组成，竹竿通常为细长的四边形或五边形圆柱体模型，竹叶面片可以利用十字插片法来制作。竹叶 Alpha 贴图与柳树以及花树的不透明贴图基本类似，都是将细枝和叶片绘制在贴图上，然后通过十字片 Plane 模型来进行插片制作，通常利用十字插片法制作的竹子枝叶都是向上生长的姿态（见图 4-57）。

除了十字插片法外，竹子模型也可以用田字片来制作，模型整体忽略了细枝的部分，Alpha 贴图只需要绘制竹叶，然后通过田字片将树叶层层分布叠加，同样可以制作出生动自然的竹子模型（见图 4-58）。

图 4-57　十字插片法制作的竹子模型

图 4-58　田字片制作的竹子模型

4.3　游戏场景山石模型实例制作

　　山石模型要想制作到位，必须紧紧抓住石头的形态和纹理两方面特征。形态是针对模型来说的，而纹理则是指模型贴图。自然界中的岩石千姿百态，那是不是可以利用这种自然的特点来任意制作岩石模型呢？答案是否定的。在三维游戏场景美术制作中自然不等于随意，尤其对于岩石模型的制作来说，不仅要抓住其自然性，更要保证模型美观的视觉效果。

　　我们依次来看图 4-59 中的三块岩石模型：左侧的模型虽然细节丰富，但模型整体过于刻板，缺少岩石的自然形态特征；中间的模型虽然形态自然，但造型过于独特且缺少细节，很难在游戏场景中大面积使用；右侧的模型形态生动自然、细节丰富，又没有过于显眼的特殊造型，适合在游戏场景中复制使用。

　　通过上面的对比，我们来总结一下场景岩石模型在制作时需要注意的几个方面：①岩石形态要生动自然且美观；②岩石整体造型要匀称，具有体量感，同时外形不宜过于特殊；③在保证上面两点的前提下，权衡把握模型面数与制作细节之间的最佳平衡点。图 4-60 中的岩石模型可以作为这三点总结的参考范例，岩石造型生动美观、体量感强，尽量利用贴图来增加细节纹理。

图 4-59   三种不同形态的岩石模型

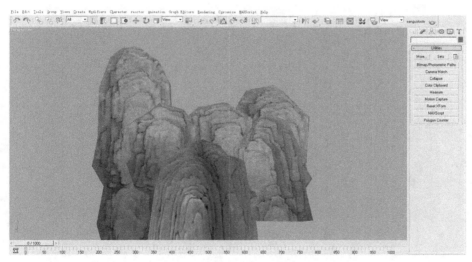

图 4-60   适合游戏场景使用的岩石模型

岩石模型的制作也是通过几何模型的多边形编辑完成的，相对于植物模型、建筑模型、场景道具模型来说，可能岩石模型的制作过程最为简单，所以在模型多边形编辑制作的部分没有太多需要讲解的，在这里只针对岩石模型制作中的一些小技巧来讲解说明。下面我们先来制作一个基础的岩石模型。

首先在 3ds Max 视图中创建一个 BOX 基础几何体模型，并设置好合适的分段数（见图 4-61）。将 BOX 模型塌陷为可编辑的多边形，进入点层级模式，利用 3ds Max 的正视图调整模型的外轮廓，形成岩石的基本外形（见图 4-62）。

在点层级下进一步编辑调整，同时利用 Cut 等命令在合适的位置添加边线，让岩石模型整体区域圆润，形成体量感（见图 4-63）。接下来需要制作岩石表面的模型细节，利用 Cut 命令添加划分边线，然后利用面层级下的 Bevel 或者 Extrude 命令制作出岩石外表面的突出结构，这样的结构可以根据岩石形态多制作几个（见图 4-64）。图 4-65 所示是最终完成的岩石模型，可以通过四视图观察其整体形态结构，整体模型用面非常简练。像这种基础的单体岩石模型在实际项目制作中通常控制在 100 面左右。

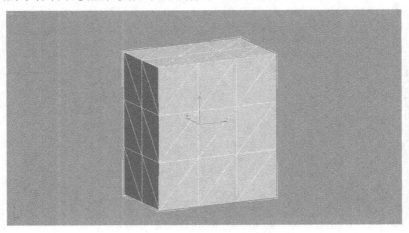

图 4-61　创建 BOX 模型

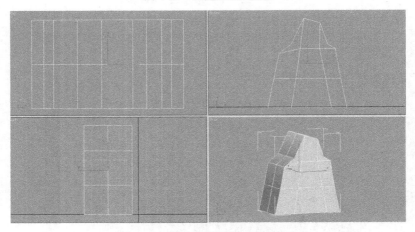

图 4-62　编辑多边形模型的外轮廓

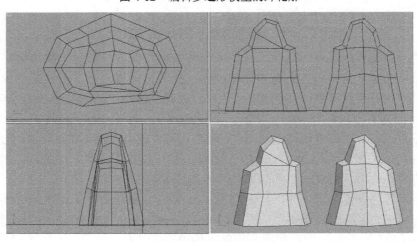

图 4-63　调整模型结构

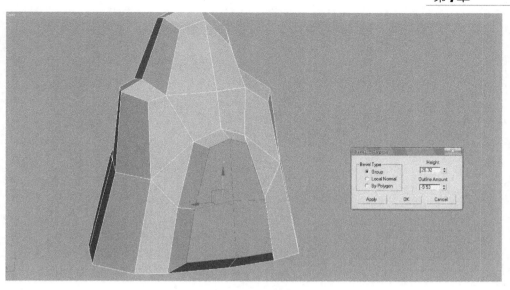

图 4-64　制作岩石模型结构

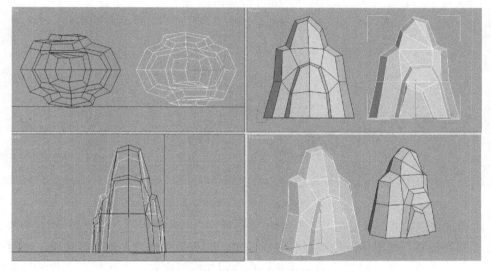

图 4-65　制作完成的岩石模型

　　初步制作出来的岩石模型一般来说是没有设置光滑组的，这就出现了一个问题：如果将这样的模型添加贴图后直接导入到游戏中会出现光影投射问题，尤其是模型多边形面与面之间的边线会有严重的锯齿感，影响整体效果（见图 4-66）。

　　要解决这个问题就必须要对岩石模型进行光滑组设置。我们在多边形编辑模型下进入面层级，选择所有的多边形表面并将其设置为统一的光滑组编号，这样就解决了模型导入游戏后的光影投射问题。但新的问题也随之产生，统一光滑组的设置会使岩石模型整体过于圆滑，同时也会让之前制作的模型细节结构失去立体感。解决的方法有以下两种。

　　第一种方法是通过修改模型来实现，如图 4-67 所示，左图是统一设置光滑组后的模型，整体缺少立体感，我们可以选择模型突出结构的转折边线，利用 Chamfer 边倒角命令将转折边线制作为"双线"结构，这样即使是在统一的光滑组下，模型结构也会十分立体，效果如图 4-67 中右图所示。

图 4-66　游戏中的岩石模型问题

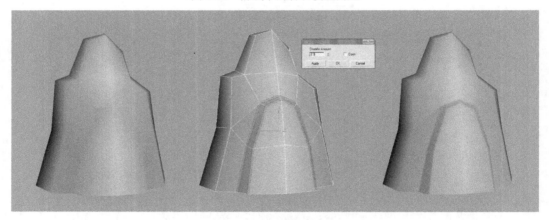

图 4-67　制作双线结构

　　这种方法在游戏场景山石模型的制作中被称为"双线勾勒法"。这种方法有个最大的优点，那就是统一光滑组下的模型既保持了实际游戏中良好的光影投射效果，同时也突出了自身结构的立体感和体量感。其缺点是会增加模型面数，不过想要制作结构十分复杂并且凹凸感强的山石模型，这是最为有效的制作手段（见图 4-68）。在次时代游戏场景的制作中，这种方法尤为常用。

　　第二种方法是通过设置光滑组来实现，对岩石模型的不同结构设置不同的光滑组，让细节结构更加分明、突出（见图 4-69）。这种方法存在一个缺点，那就是在某些情况下仍然会出现光影投射问题。

　　所以，在实际游戏项目制作中，选择双线勾勒法还是设置光滑组，需要根据游戏对于模型面数和整体效果的要求来权衡。

　　随着 3D 游戏制作技术的发展，在进入游戏引擎时代以后，游戏引擎编辑器可以帮助我们制作出地形和山脉的效果。除此之外，水面、天空、大气、光效等很难利用三维软件制作的元素都可以通过游戏引擎来完成，如今 80%的场景工作任务都是通过引擎地图编辑器来整合实现的。

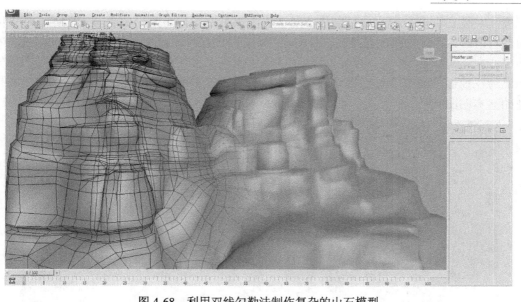

图 4-68　利用双线勾勒法制作复杂的山石模型

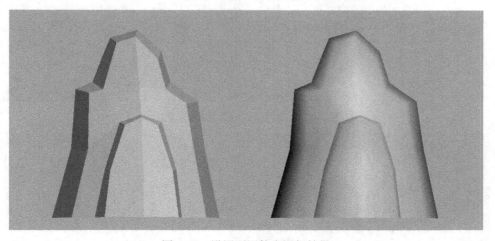

图 4-69　设置不同的光滑组效果

　　但是引擎编辑器制作的地形和山脉也存在弱点，因为其原理是将地表平面进行垂直拉高形成突出的山体效果，这种拉高的操作如果使相邻地表高度差过大，就会出现地表贴图拉伸撕裂严重的现象，所以只能用来制作连绵起伏的高山效果，也就是游戏中经常看到的远景山脉。但是在实际游戏中有时会需要近景的高山效果，尤其是仰视高耸入云的山体效果是无法通过地形编辑来实现的，这时就需要利用三维软件来制作山体模型（见图 4-70）。

　　对于基本的山体模型，其实制作原理非常简单，就是将单体岩石模型利用移动、旋转、缩放、复制等操作进行排列组合，最后形成成组的山体模型效果。如图 4-71 所示，左图是山体模型的实际效果，右图就是单体岩石模型排列组合的线框图，这种山体模型的构建方法称为"组合式"山体模型。

　　游戏场景山石模型要想制作得真实自然，40%靠模型来完成，而剩下的 60%却要靠模型贴图来完善。模型仅仅创造出了石头的基本形态，其中的细节和质感必须通过贴图来表现，现在大多数游戏项目制作中对于山石模型贴图最为常用的类型就是四方连续贴图。所谓四方连续贴图就是指在 3ds Max UVW 贴图坐标系统中，贴图在上、下、左、右四个方向上可以实现无缝对接，从而达到可以无限延展的贴图效果。对于连续贴图的知识已经在前面的章节中进行过详细讲解，这里不再过多涉及，下面介绍游戏场景山石模型的基本贴图技巧。

图 4-70　利用模型制作的远景高山

图 4-71　山体模型的制作

图 4-72 所示是一块制作完成的岩石模型，我们为其添加一张四方连续的石质纹理贴图，然后选中模型，在堆栈命令窗口中为其添加 UVW Mapping 修改器，选择合适的贴图投射类型，这里选择 Planar（平面）方式，这样贴图纹理就基本平展在了模型上。

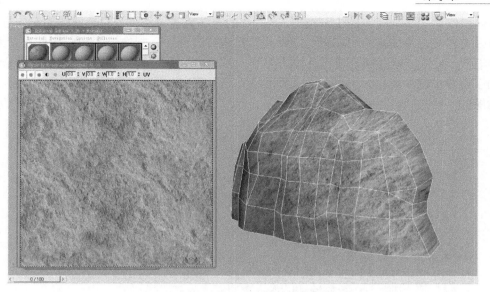

图 4-72   添加 UVW Mapping 修改器

　　接下来需要调整一下石头中间有贴图拉伸的 UV 网格，在堆栈窗口中为其添加 Unwrap UVW 修改器，在 UVW 编辑器中简单调整模型中间部分的 UV 网格点线，由于岩石纹理自然的特点，无需将其 UV 网格完全仔细地平展，这样就完成岩石模型贴图的添加过程了（见图 4-73）。

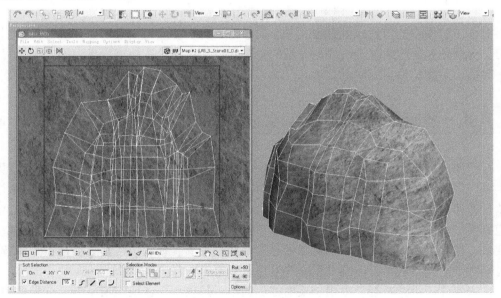

图 4-73   展平模型 UV

　　以上介绍的方法是现在大多数写实类游戏中常用的山石贴图方法，优点是可以利用四方连续的贴图特点随意调整模型细节纹理的大小比例，用一张图片就可以完成所有大小不同的山石模型的贴图任务。

　　对于游戏场景中一些大型或者特殊的山石模型，如果利用上面的方法来制作，还必须将 UV 网格根据岩石的结构进行更细致的拆分，然后利用大尺寸贴图对细节进行详细的刻画绘制。如图 4-74 中的山石模型，其制作的方法更类似于游戏角色贴图的制作方法，优点是可以充分地表现出山石模型的结构特点和纹理细节，制作出生动自然且独一无二的山石模型；缺点就是随着项目进行的深入，伴随越来越多的模型产生过多的贴图资源，增加了游戏引擎的负担。所以，在大型游戏项目的研发中，这并不是最为通用的山石模型贴图的制作方法。

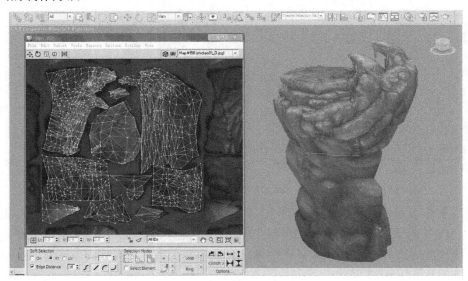

图 4-74　结构面数复杂的岩石模型

对于山石模型的制作，大家要在平时的学习中善于参照自然景物照片进行模型制作练习，另外还要熟练掌握山石模型贴图的绘制和处理方法，在随书光盘中附有大量写实和手绘的山石贴图供大家学习参考。

4.4　游戏场景道具模型实例制作

对于游戏场景道具模型来说，在实际项目制作中通常根据模型的体量大小分为两类：一类是应用于野外游戏场景和场景建筑中的，这类场景道具模型相对体量较大，如路灯、影壁、雕塑等；另一类多应用于室内场景中，如桌椅板凳、笔墨纸砚、瓶碗碟盏等，这类道具模型体量较小，主要是为了丰富细节氛围。一般来说，体量大的场景道具模型用面要多，但两种场景道具模型都可以通过模型和贴图的合理应用使其更加精致。本节将通过两种香炉模型来学习不同类型场景道具模型的制作方法。

先来制作一个游戏场景中用于桌面摆放的小香炉模型。在现实场景中，这类香炉尺寸大约为 30cm，由于体量小，所以在制作中可以适当减少模型用面，后期主要通过贴图进行细节表现。首先制作主体模型，在 3ds Max 视图中创建十二边形圆柱体模型，设置合适的分段数，作为多边形编辑的基础模型（见图 4-75）。

将圆柱体模型塌陷为可编辑的多边形，利用缩放命令调整模型顶点，制作出香炉的底座结构（见图 4-76）。删除模型的顶面和底面，进入多边形边缘层级，选中模型顶部边线轮廓，按住"Shift"键向上拖曳，复制出新的模型面（见图 4-77）。利用同样的方法继続向上制作香炉的中部结构（见图4-78）。

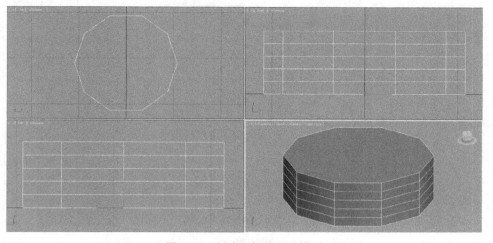

图 4-75　创建圆柱体基础模型

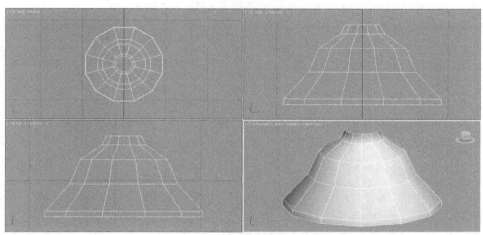

图 4-76　制作香炉底座结构

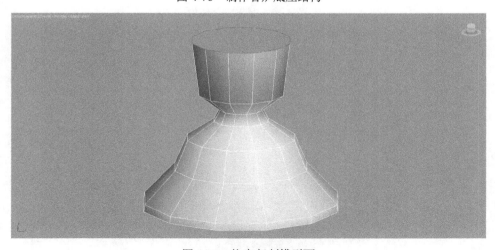

图 4-77　拖曳复制模型面

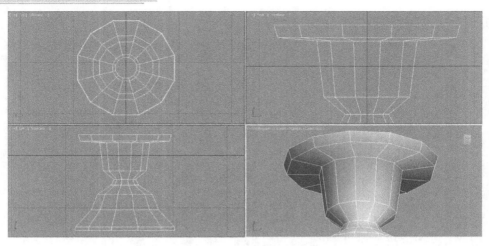

图 4-78　制作中部结构

　　接下来制作香炉肚身的模型结构，要注意侧面模型弧度的结构处理（见图 4-79）。然后制作上部边缘的模型结构，之后要与炉盖进行衔接（见图 4-80）。

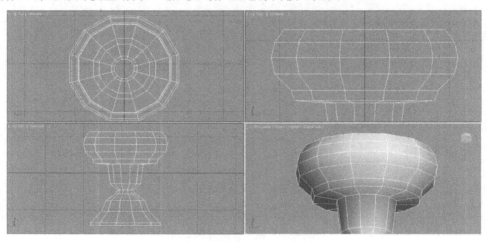

图 4-79　制作肚身结构

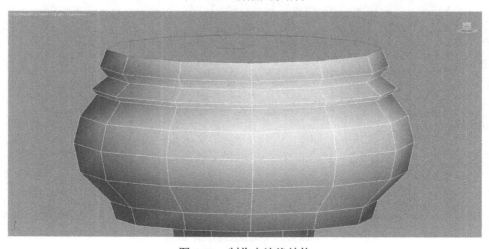

图 4-80　制作上边缘结构

接下来制作炉盖模型，同样可以利用圆柱体模型进行编辑制作，炉盖顶部要进行收缩（见图4-81）。然后将炉盖与香炉顶部对齐，调整好模型的衔接部分，使其基本无缝对接（见图4-82）。

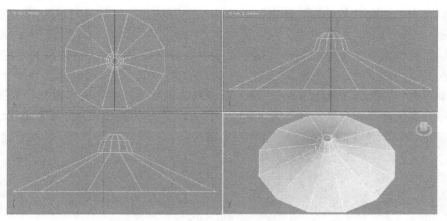

图 4-81 制作炉盖模型

图 4-82 将炉盖与炉身对齐

最后在炉盖顶部添加球形装饰，这样香炉模型部分就基本制作完成了（见图4-83）。

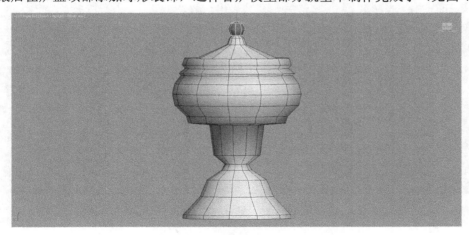

图 4-83 添加球形装饰

　　由于香炉是由圆柱体模型制作而成的，所以自身存在圆柱体的 UV 结构，我们可以选择利用二方连续的方式绘制模型贴图。但由于模型存在较多结构的收缩，如果利用连续贴图，那么最终贴图的扭曲会比较严重，所以这里选择另一种 UV 分展方式。

　　模型为十二边圆柱体结构，我们可以将其按照圆轴分为四部分对称区域，也就是将三边作为一个整体将其 UV 进行分展，后期对这部分 UV 绘制二方连续贴图，之后通过旋转复制即可完成整个模型的制作。这是对于中心对称模型拆分 UV 的常用方法。

　　进入多边形面层级，选中模型三边上下所有的模型面，然后通过反选选择（Ctrl+I）删除其余所有的模型面（见图 4-84）。接下来将剩余模型面的 UV 进行拆分和平展，将贴图 UV 两侧边缘进行无缝处理（见图 4-85）。图 4-86 所示为绘制完成的贴图效果。

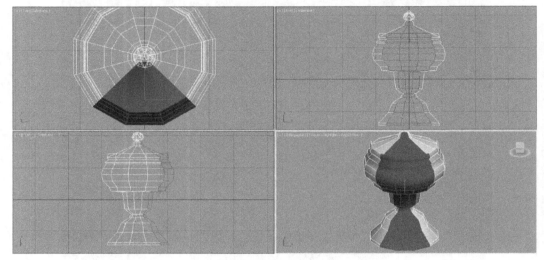

图 4-84　选择模型面

　　将贴图添加到模型上，通过旋转复制完成整个模型的制作，然后通过点层级下的 Weld 命令将接缝处的顶点进行焊接，图 4-87 所示为模型最终完成的效果。

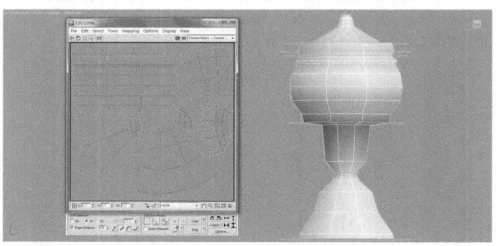

图 4-85　拆分模型 UV

图 4-86　绘制完成的贴图

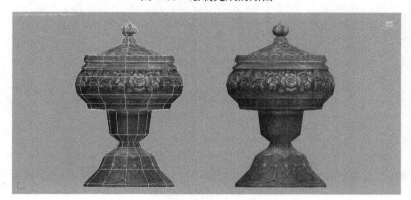

图 4-87　模型最终效果

对于体量小的场景道具模型来说，模型的制作还是相对简单的，更多是通过后期 UV 和贴图来表现模型细节，而对于大型场景所应用的道具模型则更多是通过增加模型结构来体现道具的细节和复杂化。下面就来制作一个体量更大、结构更为复杂的香炉场景道具模型。

首先，在 3ds Max 视图中创建一个 BOX 模型，将分段数全都设置为 2（见图 4-88）。将 BOX 塌陷为可编辑的多边形，在面层级下选中模型顶部的面，利用 Bevel 命令进行倒角处理（见图 4-89）。然后在面层级下利用 Extrude 命令将模型面挤出，利用 Inset 和 Bevel 命令制作出顶部结构，如图 4-90 所示。

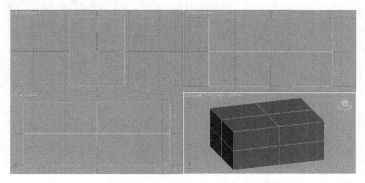

图 4-88　创建 BOX 模型

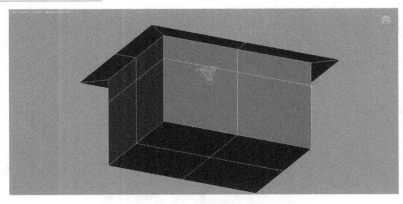

图 4-89　倒角处理

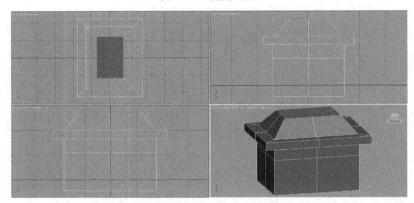

图 4-90　制作顶部结构

香炉的炉身主体就基本制作完成了，下面开始制作香炉腿部结构。切换到 3ds Max 正视图，打开创建面板下的样条线窗口，利用 Line 开始绘制模型的轮廓结构（见图 4-91）。

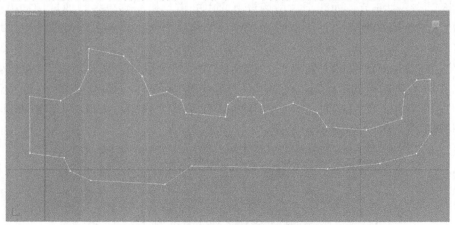

图 4-91　绘制线条轮廓

然后在堆栈窗口中添加 Extrude 命令，将线条轮廓转化为实体模型，如图 4-92 所示。此时的模型还没有完成，由于挤出的模型面顶点之间并没有连接，这样的模型导入游戏引擎后会出现多边形面的错误。所以通常在添加 Extrude 修改器后，需要将模型塌陷为可编辑的多边形，在点层级下通过 Connect 命令连接相应顶点，使顶点围绕的多边形面不超过 4 边（见图 4-93）。这种利用线条挤出模型的方法适合轮廓复杂的扁平模型结构的制作。

图 4-92　添加 Extrude 修改器命令

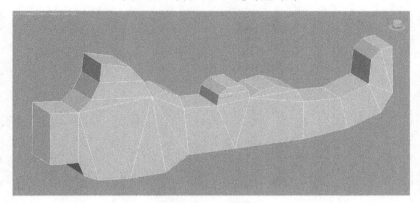

图 4-93　连接顶点

　　将制作完成的炉腿模型旋转合适的角度放置在主体模型下方一角（见图 4-94）。选中腿部模型，进入 Hierarchy 面板激活模型的轴心（Pivot），然后利用快捷按钮面板中的 Align 命令将腿部模型的轴心对齐到香炉主体模型的中心（见图 4-95）。这样操作是为了后面能够利用镜像复制命令快速完成其他三条腿部结构的制作，这也是场景模型制作中常用的方法（见图 4-96）。

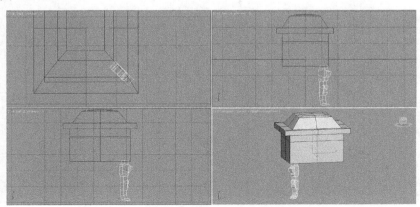

图 4-94　放置炉腿结构

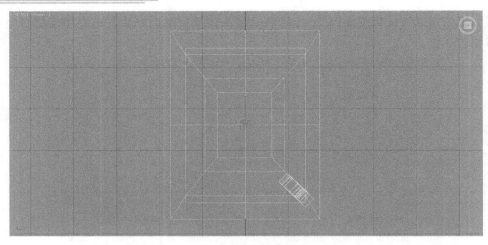

图 4-95　调整轴心点

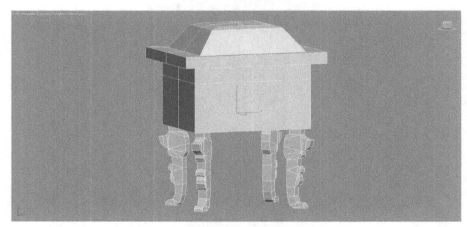

图 4-96　利用镜像复制完成其他结构

接下来同样利用画线挤出的方法制作炉身侧面的装饰结构（见图 4-97），然后同样利用调整轴心点和镜像复制将装饰结构与炉身模型相接合（见图 4-98）。利用 BOX 模型弯曲制作装饰结构并放置在炉子顶部两侧的位置（见图 4-99）。

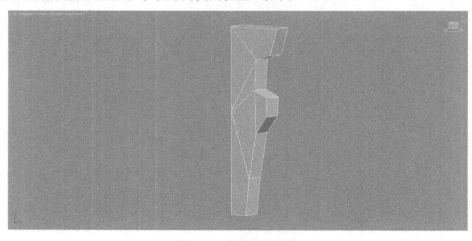

图 4-97　制作装饰结构

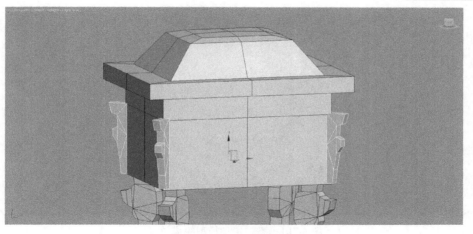

图 4-98　模型结构的拼接

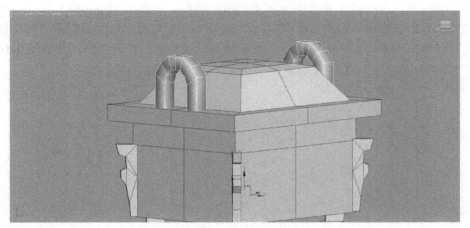

图 4-99　制作顶部两侧装饰结构

　　利用圆柱体模型编辑制作香炉顶部的装饰结构（见图 4-100），这样整个香炉就已经具备了基本的形态结构，如图 4-101 所示。其实这样的香炉模型完全可以应用于游戏场景中了，但接下来我们要对其进行更加复杂的装饰与制作，使其细节和结构更加复杂和精致。

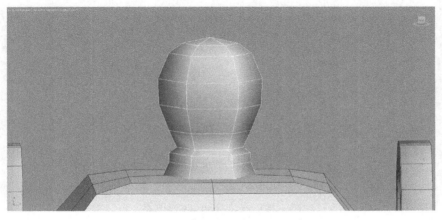

图 4-100　利用圆柱体模型制作顶部装饰

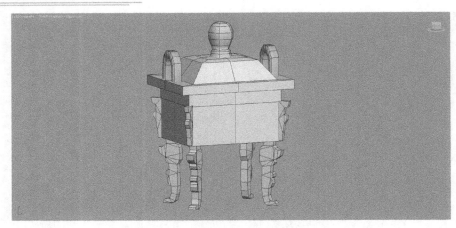

图 4-101　香炉主体模型完成效果

接下来在香炉主体模型的外围为其增加装饰结构。仍然是利用画线、添加挤出修改器的方式制作出装饰模型结构（见图 4-102 和图 4-103）。将完成的模型面内部的顶点进行连接，避免出现 4 边以上的模型面，然后将装饰结构放置在香炉两侧（见图 4-104）。

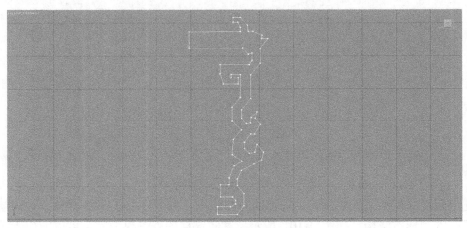

图 4-102　绘制样条线

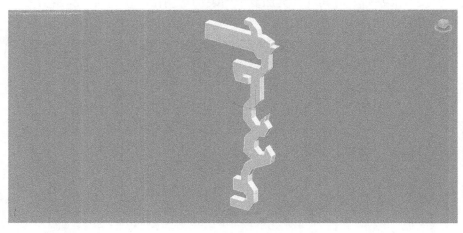

图 4-103　添加 Extrude 修改器

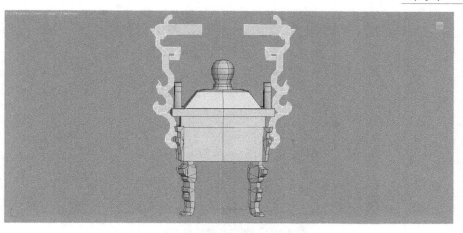

图 4-104　将装饰模型放置在香炉两侧

　　在视图中创建 BOX 模型，通过编辑多边形命令将其制作成图 4-105 中的形态，用到的命令就是面层级下的 Extrude、Bevel 和 Inset 等。制作方法比较简单，这里就不过多讲解了。将完成的模型结构放置在香炉模型正上方，装饰结构中间的位置（见图 4-106）。同样，利用画线、挤出的方法制作新的装饰结构（见图 4-107）。

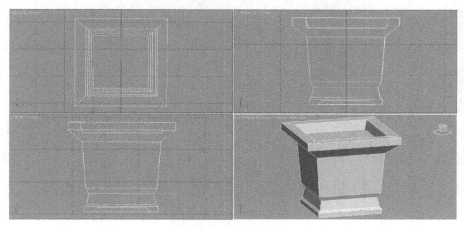

图 4-105　编辑 BOX 模型

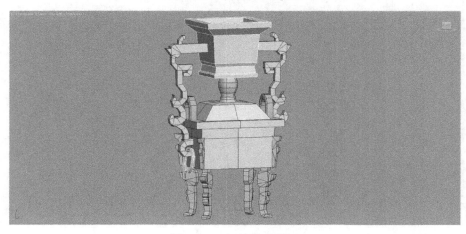

图 4-106　调整模型位置

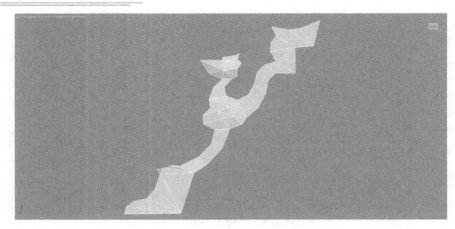

图 4-107　制作新的装饰结构

　　将其放置在香炉下方，与香炉腿部相结合，这里仍然可以利用调整轴心点和镜像复制的方法快速完成（见图 4-108）。复制香炉四角的装饰结构，将其放置在香炉底部，起到衔接作用（见图 4-109）。利用圆柱体模型制作一个四角底座模型（见图 4-110）。

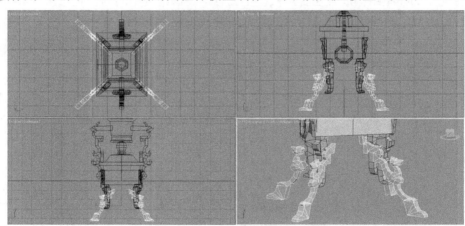

图 4-108　镜像复制

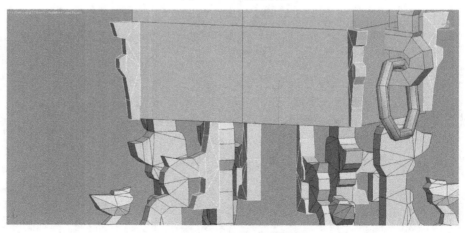

图 4-109　复制装饰模型

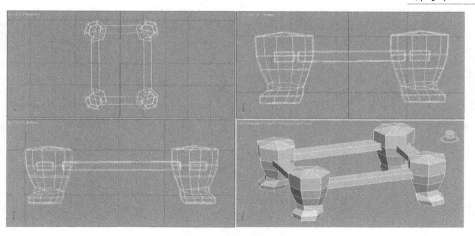

图 4-110　制作四角底座

在四角底座模型下方利用 BOX 模型再编辑制作一个底座结构（见图 4-111），然后将其与香炉模型以及装饰结构进行拼接（见图 4-112），这样整个香炉模型就基本制作完成了，最后的效果如图 4-113 所示。

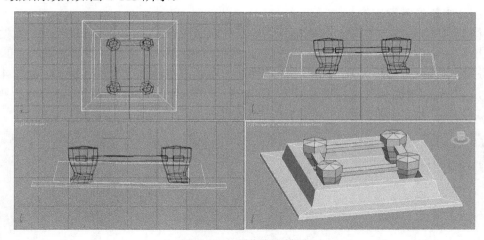

图 4-111　制作底座模型

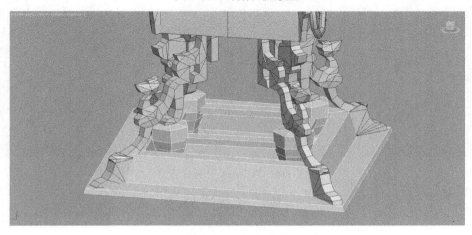

图 4-112　拼接模型

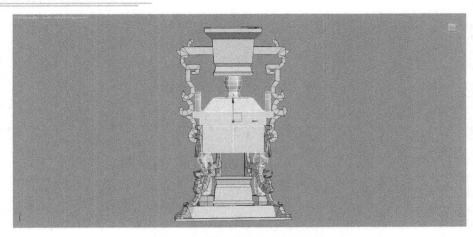

图 4-113 香炉模型完成后的效果

通过图 4-113 整体来看，我们为香炉主体模型制作的装饰结构就好像给香炉穿上了一层"外衣"，从功能和结构完整性来看内部的香炉模型已经基本完善，而香炉外面的复杂结构仅仅是起到了装饰以及增强细节的效果，这种制作方法和思路也是三维游戏场景模型制作中所经常运用的。

模型制作完成后，需要对模型进行 UV 拆分和贴图绘制。UV 的拆分将按照香炉主体和装饰结构分成两部分，后期也将分成两张贴图来进行绘制。这里需要将模型所有的 UV 面都进行平展，利用画线、挤出制作的装饰结构可以按照两部分来进行拆分，如图 4-114 所示，而其他模型面单独进行平展即可。图 4-115 和图 4-116 所示为模型 UV 拆分的效果，图 4-117 所示为香炉模型最终添加贴图后的效果。

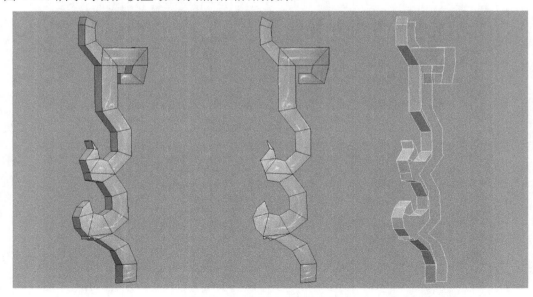

图 4-114 模型 UV 的拆分方法

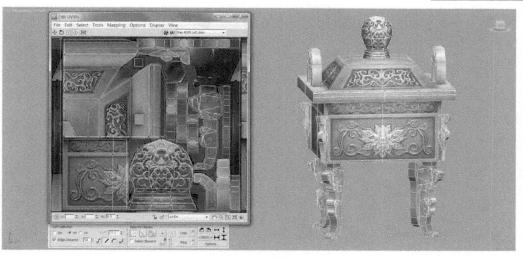

图 4-115　香炉主体模型的 UV 拆分

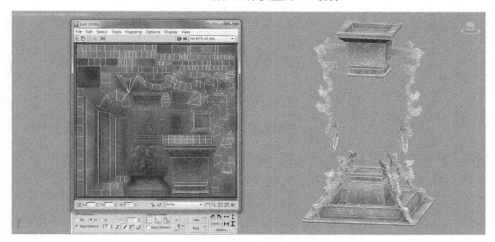

图 4-116　装饰结构部分的 UV 拆分

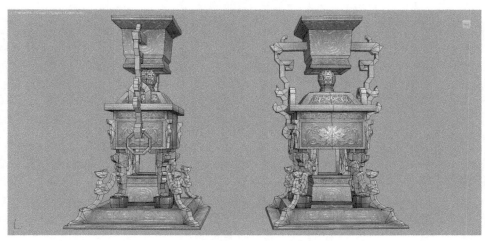

图 4-117　模型完成后的最终效果

CHAPTER

5

游戏场景建筑模型制作

5.1 网游场景建筑模型的概念及分类

建筑模型是三维游戏制作的主要内容之一，它是游戏场景主体构成中十分重要的一环，无论是网络游戏还是单机游戏，场景建筑模型都是其中必不可少的，对于三维建筑模型的熟练制作也是场景美术设计师必须掌握的基本能力。

其实，在游戏制作公司中，三维游戏场景设计师有相当多的时间都是在设计和制作场景建筑，从项目开始就要忙于制作场景实验所必需的各种单体建筑模型，随着项目的深入逐渐扩展到复合建筑模型，再到后期主城、地下城等整体建筑群的制作，所以对于建筑模型制作的能力以及建筑学知识的掌握是游戏制作公司对于场景美术师评价的最基本标准。新人进入游戏公司后，最先接触的就是场景建筑模型，因为建筑模型大多方正有序、结构明显，只需掌握 3ds Max 最基础的建模功能就可以进行制作，所以这也是场景制作中最易于上手的部分。

在学习场景建筑模型制作之前，首先要了解游戏中不同风格的建筑分类，这主要根据游戏的整体美术风格而言，首先要确立基本的建筑风格，然后抓住其风格特点，这样制作出的模型才能生动贴切，符合游戏所需。

根据现在市面上不同类型的游戏，从游戏题材上可以分为"历史"、"现代"和"幻想"。"历史"就是以古代为题材的游戏，如国内目标公司的《傲视三国》、《秦殇》系列，法国育碧公司的《刺客信条》系列；"现代"就是贴近我们生活的当代背景下的游戏，比如美国 EA 公司的《模拟人生》系列，RockStar 公司的《侠盗飞车》系列；"幻想"就是以虚拟构建出的背景为题材的游戏，比如日本 SE 公司的《最终幻想》系列。

如果按照游戏的美术风格来分，又可以分为"写实"和"卡通"。写实类的场景建筑就是按照真实生活中人与物的比例来制作的建筑模型，而卡通风格就是我们通常所说的 Q 版风格，比如韩国 NEXON 公司的《跑跑卡丁车》、网易公司的《梦幻西游》等。另外，如果按照游戏的地域风格来分，又可以分为"东方"和"西方"。"东方"主要指中国古代风格的游戏，国内大多数 MMORPG 游戏都属于这种风格，"西方"主要就是指欧美风格的游戏。

综合以上各种不同的游戏分类，可以把游戏场景建筑风格分为以下几种类型，下面让我们通过图片来进一步认识不同风格的游戏场景建筑。

（1）中国古典建筑（见图 5-1）。

图 5-1 《古剑奇谭》中的中国古典建筑（主城）

（2）西方古典建筑（见图5-2）。

图 5-2　《七大奇迹》中的西方古典建筑（古代希腊风格的神殿）

（3）Q 版中式建筑（见图5-3）。

图 5-3　Q 版中式建筑（民居）

（4）Q 版西式建筑（见图5-4）。

图 5-4　《龙之谷》中的 Q 版西式建筑（城堡）

（5）幻想风格建筑（见图 5-5）。

图 5-5 《TERA》中的西方幻想风格建筑

（6）现代写实风格建筑（见图 5-6）。

图 5-6 现代写实风格建筑

除了游戏场景和建筑的风格外，从专业的游戏美术制作角度来看，游戏场景建筑模型主要分为单体建筑模型和复合式建筑模型。单体建筑模型是指在三维游戏中用于构成复合场景的独立建筑模型，它与场景道具模型一样也是构成游戏场景的基础模型单位，单体建筑模型除了具备独立性以外还具有兼容性。这里所谓的兼容性是指不同的单体建筑模型之间可以通过衔接结构相互连接，进而组成复合式的建筑模型。图 5-7 中分别为单体建筑模型和复合式建筑模型。

学习单体建筑模型的制作是每位游戏场景设计师必修的基本功课，对其掌握的深度也直接决定和影响日后复合式建筑模型以及大型三维游戏场景的制作能力，所以对本章内容的学习一定要遵循从精、从细的原则，扎实掌握每一个制作细节，同时要加强日常练习，为以后大型场景的制作打下基础。

图 5-7　单体和复合式建筑模型

▽ 5.2　游戏场景单体建筑模型实例制作

　　通常来说，游戏场景的主体模型一般是指场景建筑模型，游戏场景设计师大多数时间也都在跟建筑打交道。对于游戏三维场景设计来说，只有接触到了专业的场景建筑设计才算是真正步入了这个领域，才会真正明白这个职业的精髓和难度所在，很多刚刚进入这个专业领域的新手在接触到场景建筑后都会有此感悟。对于场景建筑模型的学习通常都是从单体建筑模型入手，本节将带领大家深入学习游戏场景单体建筑模型的制作。

　　对于场景建筑模型来说最重要的就是"结构"，只要紧抓模型的结构特点，制作将会变得十分简单，所以在制作前对于制作对象的整体分析和把握将会在整个制作流程中起到十分重要的作用。对于编者个人而言会把这一过程看得比实际制作还要重要，制作前对模型结构特点的清晰把握，不仅会降低整体制作的难度，还会节省大量的制作时间。

　　另外，三维游戏场景的最大特点就是真实性。所谓的真实性就是指在三维游戏中，玩家可以从各个角度去观察游戏场景中的模型和各种美术元素，三维游戏引擎为我们营造了一个 360°的真实感官世界。所以在制作过程中要时刻记住这个原则，保证模型各个角度都要具备模型结构和贴图细节的完整度，在制作中要随时旋转模型，从各个角度观察模型，及时完善和修正制作中出现的疏漏和错误。

　　对于新手来说，在游戏模型制作初期最容易出现的问题就是模型中会存在大量"废面"，要多多利用 Polygon Counter 工具，及时查看模型的面数，随时提醒自己不断修改和整理模型，避免废面的产生。其实，游戏场景的制作并没有想象中的复杂和困难，只要从基础入手，脚踏实地地做好每个模型，从简到难，由浅及深，在大量积累后必然会让自己的专业技能获得质的提升。

　　图 5-8 为本节实例制作单体建筑模型的最终完成效果图。两座建筑都是典型的中国古代传统建筑，包含各种古典建筑元素，如屋脊、瓦顶及斗拱等。对于模型的制作可以按照从上到下的顺序来进行，首先制作屋顶、屋脊等结构，然后制作主体墙面结构，最

后是地基台座和楼梯结构的制作，而对于建筑墙面和屋顶瓦片等细节部分主要通过后期贴图来表现，下面就开始实际模型的制作。

图 5-8　本节实例制作单体建筑模型的最终完成效果图

我们先从图 5-8 左侧的建筑开始制作，首先在 3ds Max 视图中创建 BOX 模型（见图 5-9）。

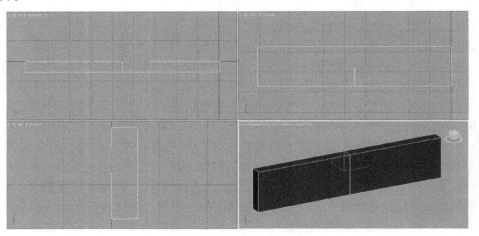

图 5-9　创建 BOX 模型

然后将 BOX 塌陷为可编辑的多边形，通过面层级下挤出命令制作出屋顶主脊的基本结构（见图 5-10）。因为主脊模型为中心对称结构，我们只需要制作一侧，另一侧可以通过调整轴心点（Pivot）和镜像复制的方式来完成（见图 5-11）。之后只需要将主脊的两部分 Attach 到一起并焊接（Weld）衔接处的顶点即可。

接下来制作主脊下方的屋顶模型。同样，先在视图中创建 BOX 模型，将其对齐放置在主脊的正下方（见图 5-12）。将 BOX 塌陷为可编辑的多边形，通过收缩顶部的模型面，制作出中国古代建筑瓦顶的效果（见图 5-13）。选中模型底部的面，利用面层级下的 Extrude 命令向下挤出一个厚度结构，作为屋檐瓦当的结构（见图 5-14）。

进入多边形边层级，选中瓦顶侧面 4 条倾斜的边线，通过 Connect 命令增加一条横向的边线分段（见图 5-15）。然后通过缩放命令，收缩刚创建的边线，制作出瓦顶的弧线效果，这里增加的分段越多，弧线效果越自然，但同时也要考虑面数的问题（见

图 5-16）。

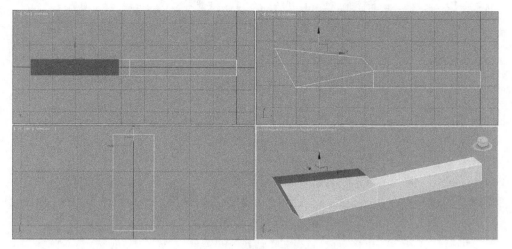

图 5-10　编辑主脊结构

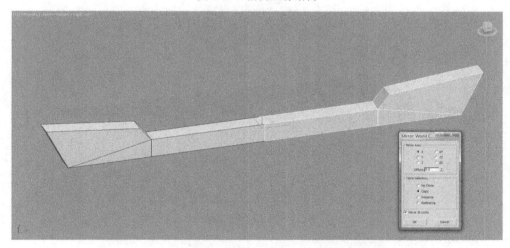

图 5-11　利用镜像复制完成另一侧模型的制作

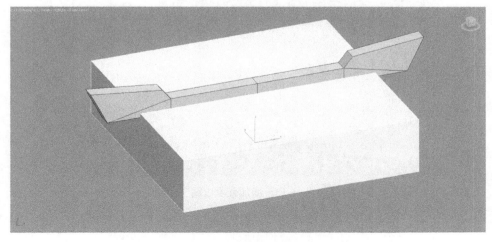

图 5-12　创建 BOX 模型放置在主脊下方

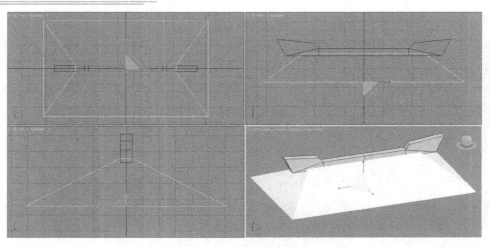

图 5-13　制作瓦顶结构

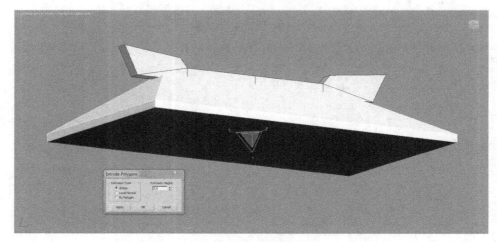

图 5-14　制作屋檐瓦当结构

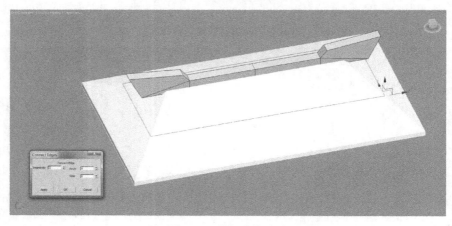

图 5-15　增加分段边线

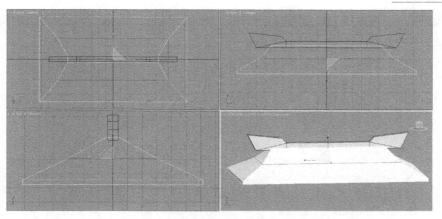

图 5-16　收缩边线

　　接下来需要制作一个中国古代建筑中的特有结构——飞檐。所谓飞檐就是瓦顶四角向上翘起的形态效果。制作飞檐结构主要是要在屋顶四角进行切割画线，首先在任意一角利用 Cut 命令增加新的边线（见图 5-17）。利用同样的方法在这一角的对称位置也增加这样的边线，其他三角如是。之后进入多边形点层级，选中四角的模型顶点，向上拉起即可完成飞檐的结构效果（见图 5-18）。

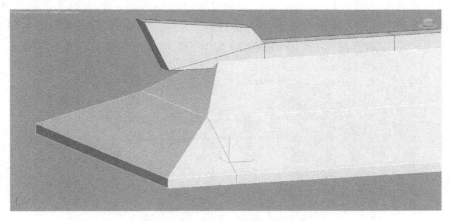

图 5-17　利用 Cut 命令切割画线

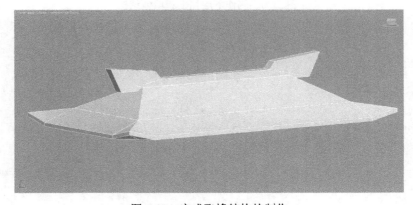

图 5-18　完成飞檐结构的制作

　　屋顶制作完成后，我们向下制作墙体结构。进入面层级，选中屋顶底部的模型面，利用 Inset 命令向内收缩，然后通过 Extrude 命令向下挤出，完成建筑上层的墙体结构（见图 5-19）。

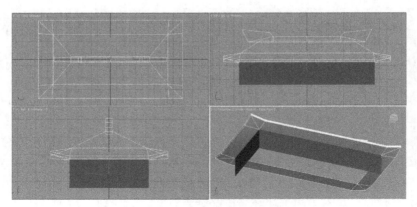

图 5-19　制作上层墙体结构

　　利用刚刚讲解的同样流程和方法可以制作完成建筑下层瓦顶和墙体模型的制作，效果如图 5-20 所示。接下来通过 BOX 模型编辑制作屋顶的侧脊模型结构（见图 5-21），然后将侧脊模型放置在屋顶一角，调整位置和旋转倾斜角度并将侧脊模型的轴心点与屋顶的中心进行对齐（见图 5-22）。之后通过镜像复制就可以快速完成其他 3 条侧脊结构的制作了（见图 5-23），下层屋顶的侧脊同样可以利用复制的方式来完成（见图 5-24）。

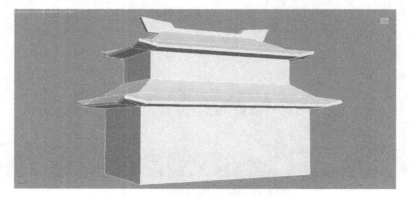

图 5-20　制作下层瓦顶和墙体结构

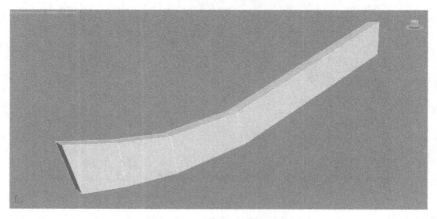

图 5-21　制作建筑侧脊模型

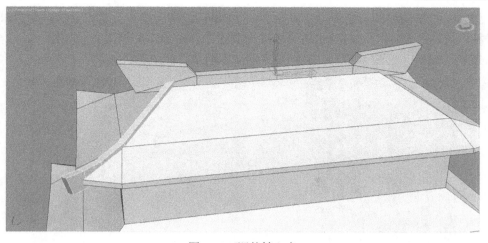

图 5-22　调整轴心点

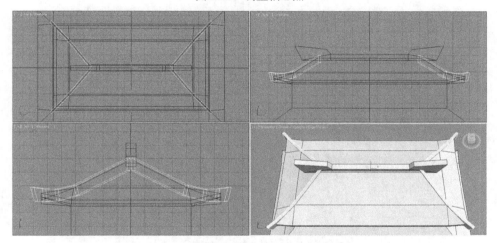

图 5-23　通过镜像复制完成其他侧脊模型

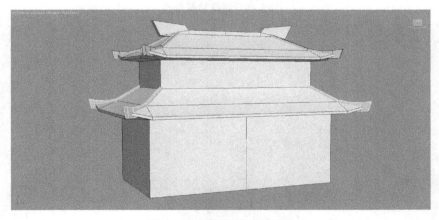

图 5-24　制作下层屋顶侧脊

　　接下来利用 BOX 模型编辑制作立柱模型，并利用复制的方式放置在建筑下层墙体的四角位置（见图 5-25）。然后利用 BOX 模型编辑制作建筑的地基台座结构，台座上方利用挤出命令制作出结构效果，顶面利用 Inset 命令向内收缩出一个包边效果，这主要是为了后面贴图的美观和细节的考虑（见图 5-26）。最后，在台座正面利用 BOX 模型编辑制作楼梯台阶的模型结构，在游戏场景模型的制作中台阶通常不用实体模型制作，主要靠贴图来表现细节（见图 5-27）。图 5-28 为建筑模型最终完成的效果。

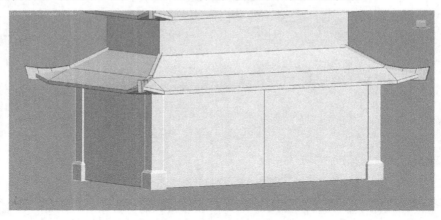

图 5-25　制作立柱结构

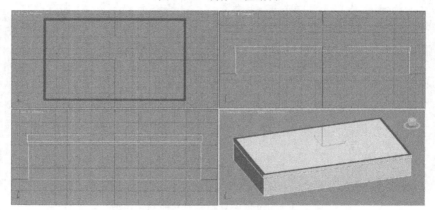

图 5-26　制作地基台座

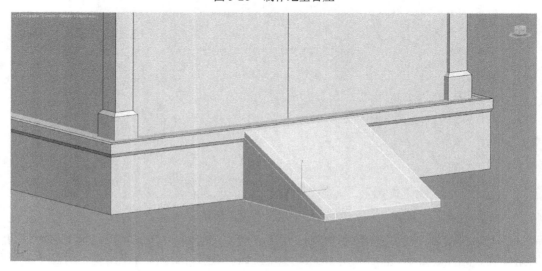

图 5-27　制作楼梯台阶

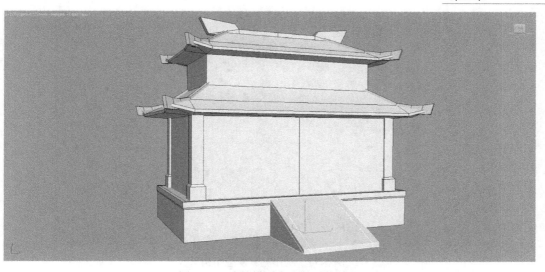

图 5-28　建筑模型完成的最终效果

　　以上通过一个小型的单体建筑模型的制作学习了场景建筑模型制作的基本流程和方法技巧，其实在制作中的许多方法技巧同样适用于其他模型的制作。下面开始制作之前效果图中较大的场景建筑模型。

　　建筑整体分为三层，我们同样按照从上向下的制作顺序，首先制作屋顶主脊的模型（见图 5-29）。然后利用 BOX 模型编辑制作侧脊模型，由于建筑结构的不同，这里的侧脊模型并不是倾斜的（见图 5-30）。利用 BOX 模型编辑制作侧脊之间的瓦顶与墙体模型结构（见图 5-31）。然后向下编辑制作建筑中层的瓦顶与墙体结构，瓦顶也要制作飞檐的结构效果（见图 5-32）。用同样方法完成建筑底层瓦顶和墙体结构的制作（见图 5-33）。

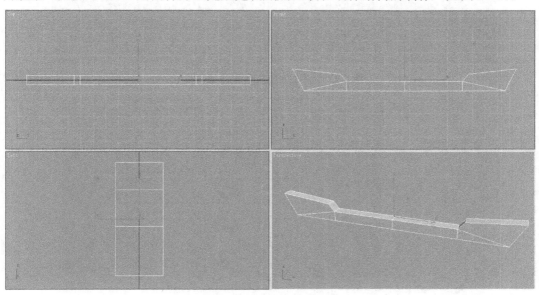

图 5-29　制作主脊结构

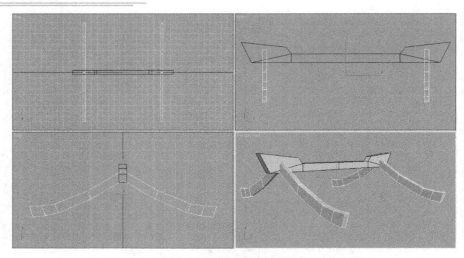

图 5-30　制作侧脊模型结构

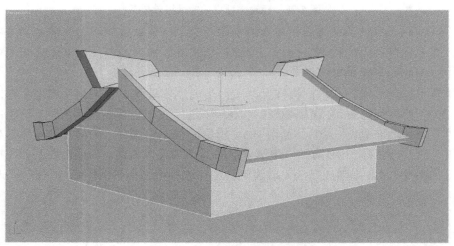

图 5-31　制作上层瓦顶和墙体结构

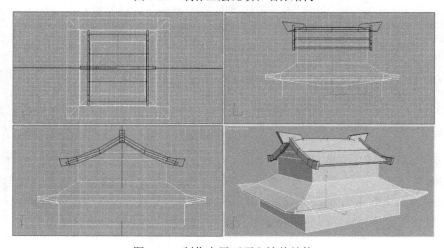

图 5-32　制作中层瓦顶和墙体结构

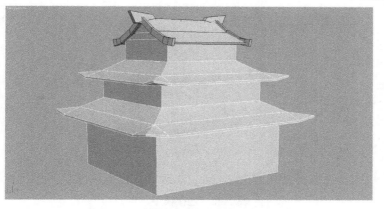

图 5-33　制作底层的瓦顶和墙体结构

接下来制作建筑底层屋顶正面的拱形结构。进入多边形边层级，选择底层房檐正面的所有横向边线，执行 Connect 命令，制作出纵向的分段布线（见图 5-34）。选中刚刚制作的中间两列纵向边线，将其向上提拉制作出拱形结构（见图 5-35）。

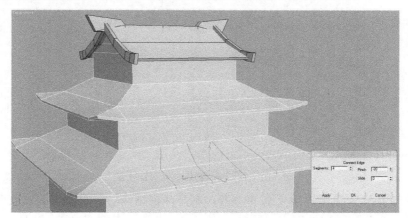

图 5-34　增加分段边线

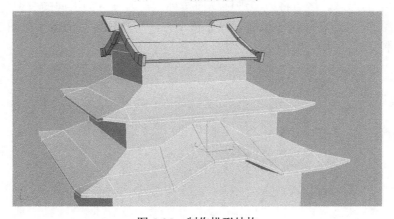

图 5-35　制作拱形结构

将刚刚制作的模型结构进行布线划分，连接多边形相应的顶点，这样做是为了保证每个多边形的面都控制在四边形以内，在模型导入到游戏引擎前还要对模型进行详细检查，确保模型不出现五边以上的多边形面（见图 5-36）。

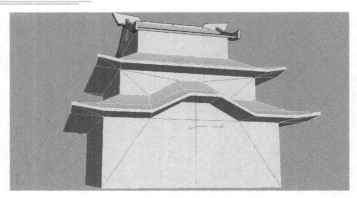

图 5-36　连接模型顶点

　　然后添加中层和下层的屋脊模型，同时在底层墙体四角制作立柱模型，对于同样的场景建筑装饰元素，可以直接复制之前制作完成的模型（见图 5-37）。

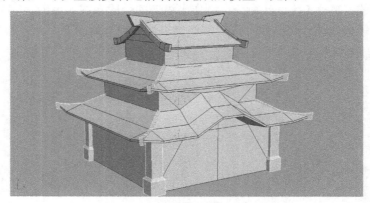

图 5-37　制作屋顶侧脊和立柱模型

　　接下来要在底层房檐四角下立柱上方，制作斗拱结构。斗拱是中国古代建筑的支撑结构，出现在游戏建筑模型中主要起到装饰作用。在视图中创建 BOX 模型，将其编辑制作成图 5-38 中的形态。然后将模型进行横向排列，再通过穿插纵向的模型完成斗拱结构的制作（见图 5-39）。将斗拱模型放置在屋顶下方，与立柱进行衔接（见图 5-40），然后通过镜像复制完成其他斗拱结构的制作。

图 5-38　制作拱形结构

174

图 5-39　制作斗拱结构

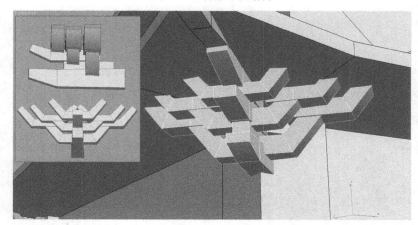

图 5-40　摆放斗拱位置

　　在正门上方，拱顶房檐下，利用 BOX 模型制作装饰支撑结构（见图 5-41）。最后制作出建筑的地基底座平台和楼梯结构（见图 5-42），这样这个房屋建筑的模型部分就制作完成了，最终效果如图 5-43 所示。

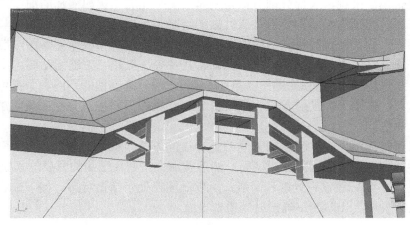

图 5-41　制作装饰结构

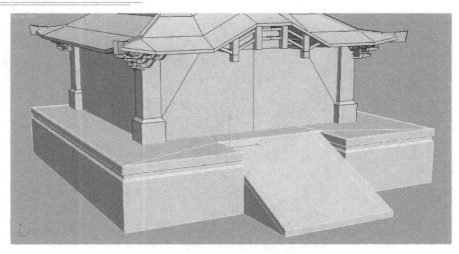

图 5-42　制作地基平台和楼梯

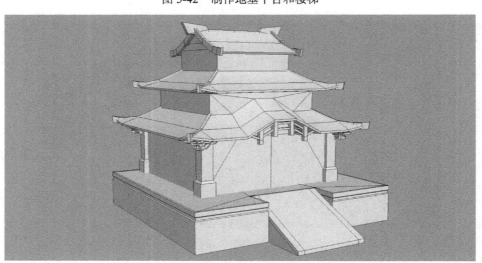

图 5-43　最后制作完成的模型效果

　　模型制作完成后，接下来就是对模型进行 UV 分展和贴图的绘制。前面多次提到过，对于场景建筑模型来说，大部分细节都是要靠贴图来完成，例如砖瓦的细节、墙体的石刻、木纹雕刻、门窗细部结构等全是通过贴图绘制来实现的。建筑模型贴图与场景道具模型贴图不同，除了屋脊等特殊结构的贴图外，一般要求制作成循环贴图，墙体和地面石砖贴图等通常是四方连续贴图，木纹雕饰、瓦片等一般是二方连续贴图。本节实例制作的模型一共只用了 10 张独立贴图（见图 5-44），同一个模型的不同表面都可以重复应用不同的贴图，贴图坐标投射方式一般采用 Planar 模式，要求充分利用循环贴图的特点来展开 UV 网格。

　　下面以建筑瓦顶为例讲解建筑模型 UV 分展的方法。首先，进入多边形面层级，选择屋顶模型的相应对称的两部分模型面，然后添加带有瓦片贴图的材质球（见图 5-45）。此时的模型 UV 坐标还没有处理和平展，所以贴图还处于错误状态。接下来我们需要将贴图 UV 坐标平展，让贴图正确投射到模型表面。

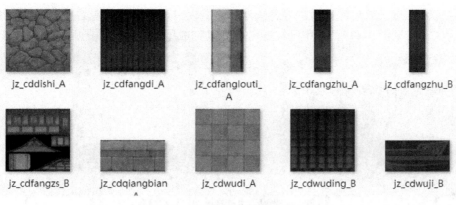

jz_cddishi_A jz_cdfangdi_A jz_cdfanglouti_A jz_cdfangzhu_A jz_cdfangzhu_B

jz_cdfangzs_B jz_cdqiangbian_A jz_cdwudi_A jz_cdwuding_B jz_cdwuji_B

图 5-44 实例制作模型所用的贴图

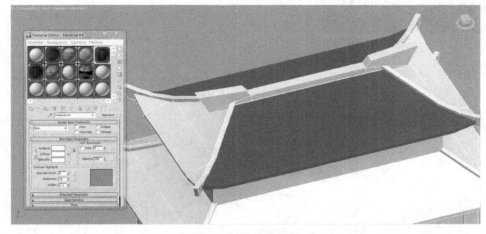

图 5-45 选择模型面

进入多边形面层级，选择刚才赋予过瓦片贴图的多边形面，在堆栈窗口中添加 UVW Mapping 修改器，并选择 Planar 贴图坐标投射方式，然后在 Alignment（对齐）面板中点击 Fit（适配）按钮，这样贴图就会以相对正确的方式投射在模型表面（见图 5-46）。

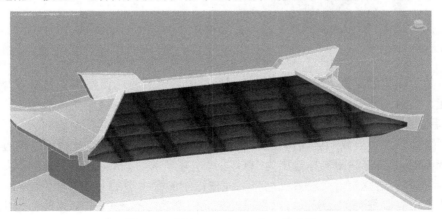

图 5-46 添加 UVW Mapping 修改器

接下来在堆栈窗口中继续添加 Unwrap UVW 修改器，打开 UV 编辑器，在 Edit UVWs 编辑窗口中调整模型面的 UV 网格，让贴图正确分布显示在模型表面。瓦顶主要注意瓦当部分的 UV 线分布，通常瓦片为二方连续贴图，所以可以通过整体左右拉伸 UV 网格来调节瓦片的疏密（见图 5-47）。采用同样的方法可以完成屋顶其他两面的贴图（见图 5-48）。

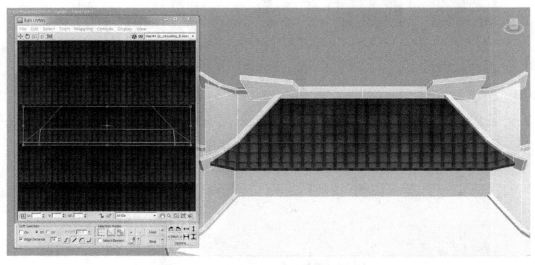

图 5-47　添加 Unwrap UVW 修改器

图 5-48　采用同样方法完成其他屋顶部分的贴图

　　场景建筑模型的贴图大多数都是先绘制好贴图，然后通过调整 UV 去让模型与贴图进行适配，但对于一些特殊的结构部分，例如屋脊等装饰，也会像角色类模型一样先分展 UV、后绘制贴图。接下来我们选择一条屋顶的侧脊模型，将其模型侧面和上下边面的贴图 UV 坐标分别平展到 UV 编辑器窗口中的 UVWs 蓝色边界内，然后可以通过 Render UVW template 工具将贴图坐标输出为 JPG 图片，并导入到 Photoshop 中来绘制贴图（见图 5-49）。另外，这里有一个特殊技巧，当完成这个侧脊模型的 UV 坐标平展后，由于另外三个都是由复制得到的，所以可以将已经完成模型的 Unwrap UVW 修改器拖曳复制到其他模型上，这样可以快速完成 UV 的分展工作。

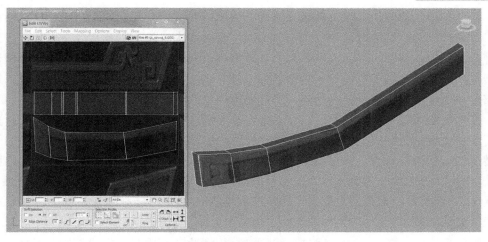

图 5-49 侧脊模型的 UV 分展

对于场景建筑模型的 UV 与贴图工作，基本都遵循"一选面，二贴图，三投射，四调 UV"的方法流程，我们可以利用这种方法将本章实例建筑模型其他部分的贴图制作完成（见图 5-50 和图 5-51）。这种处理模型 UV 坐标和贴图的方式，也是现在三维场景建筑模型制作中的重要技术手段和方法，在之后的实例制作中还会大量应用。

图 5-50 墙面和立柱的贴图效果

图 5-51 上层建筑的贴图效果

在场景建筑模型的贴图过程中，经常会遇到一些模型角落和细窄边面，这些地方不仅不能放任不管，还需要从细处理，因为在三维游戏中，模型需要从各个方位接受玩家的观察，所以任何细小的边面贴图都要认真处理，要避免出现贴图的拉伸扭曲等错误。对于这些结构的贴图调整没有十分快捷的方法，也是按照上面讲解的流程来处理，通常不需要对这些结构绘制单独的贴图，只需要选择其他结构的贴图来重复利用即可。

在前面制作地基台座模型时，我们提到过"包边"。所谓的包边就是指模型转折面处为了添加过渡贴图的模型面，通常这样的模型面都非常细窄，所以称为"包边"。为了避免转折面处低模的缺点，既可以采用添加装饰结构的方法，也可以采用"包边"贴图的方法，两者目的相同、方向不同。前者是利用模型来过渡，后者则是利用贴图来过渡（见图 5-52）。楼梯台阶部分的模型也要特别注意包边的处理（见图 5-53）。图 5-54 是模型贴图最终完成的效果。

图 5-52　模型包边结构的贴图处理

图 5-53　楼梯台阶模型的包边处理

图 5-54 模型贴图最终完成效果

5.3 游戏场景复合建筑模型实例制作

在之前的内容中我们讲解了游戏场景单体建筑模型的制作,这一节讲解游戏场景中复合建筑模型的制作。所谓复合建筑,就是指在三维游戏场景制作中,通过多种场景道具、单体建筑模型等基本单位拼接构成的组合式场景建筑模型。从模型结构的复杂程度来看,复合建筑模型的复杂性要高于场景道具模型和单体建筑模型,从整体来说复合建筑模型具备较高的独特性,在游戏场景制作中通常不可将其大量复制使用。如果想要复制使用,可以通过调整修改其中单体模型的位置、排列等使之达到一个全新场景的效果。

复合建筑模型是三维游戏场景中的高等模型单位,在大型网络游戏场景制作中,往往是先通过场景道具模型和单体建筑模型组合出复合建筑模型,然后再通过相互的衔接构成完整的游戏场景。不同的复合建筑模型之间通过添加衔接结构再构成更大规模的复合场景,所以制作复合场景模型的关键就是模型间的相互衔接,衔接方式不一定多么复杂,但通过巧妙的衔接设计却能起到画龙点睛的作用。

本节实例将制作一个关隘复合建筑模型,图 5-55 为模型制作完成后的效果图。之所以将这个场景建筑模型定义为复合建筑模型,是因为模型主体是由若干独立的模型个体所构成的,比如塔楼、城墙上的楼阁建筑等。在制作时我们先完成单体建筑模型的制作,然后通过复制拼接来完成整个模型的制作,下面具体分析一下建筑的结构和制作流程。

从整体来看,关隘建筑结构分为城楼、城墙和建筑装饰三大部分,其中城楼部分可以当作单体模型来制作。首先制作中间顶端城楼主体的建筑结构,前端两侧的城楼结构可以通过复制修改的方式来完成;然后制作搭建城墙的整体框架结构,两侧的城墙结构只需要制作一组,另一侧通过镜像复制来完成,当整体模型结构完成以后,最后再来制作立柱、雕刻、拱门等建筑装饰模型。其实最终完成的城门模型只是单面模型,也就是说模型背面的多边形面是全部删除的,之后导入游戏引擎可以将模型整体复制旋转,形成无缝对接的双面城门关隘场景。下面开始本节实例的制作。

图 5-55 关隘场景的最终完成效果

　　首先，在 3ds Max 视图中利用 BOX 模型搭建出关隘的基本建筑结构，其中绿色的 BOX 是关隘两侧的城墙，红色为中间的城门结构，粉红色为城门上方的城楼建筑，蓝色为城门两侧的附属城墙结构，紫色是城门前方的塔楼，黄色为城门两侧的立柱（见图 5-56）。这种模块的搭建可以方便我们清晰地认识模型的基本结构，通过 BOX 的比例对照来制作模型的细节，之后可以比照这些 BOX 模型来制作实际的建筑模型结构，这种方法经常用于一些大型或者复杂模型的制作上。

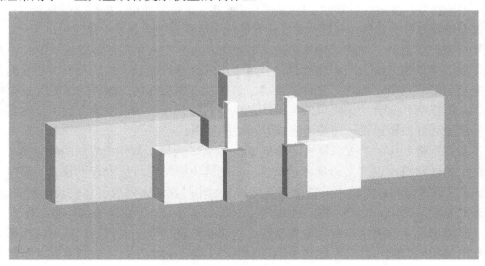

图 5-56 搭建框架结构（见彩插）

　　按照之前的模型分析，我们先来制作关隘上方的城楼模型。在视图中创建 BOX 模型，通过挤出、倒角等编辑多边形命令制作出最上层的屋顶和墙面模型，要注意屋顶下方建筑结构的细节处理（见图 5-57）。

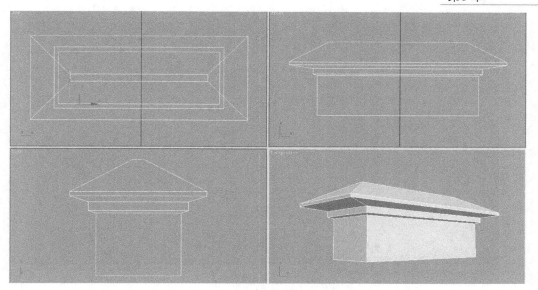

图 5-57　制作城楼上层模型

　　同样，利用 BOX 模型编辑制作出屋顶正上方的主脊模型，我们将其制作为中心对称的结构，这样后期在贴图绘制时只需要制作一半的贴图即可（见图 5-58）。接着制作出屋顶的侧脊模型结构，这里只需要制作一条侧脊，其他三条可以利用镜像复制来完成（见图 5-59）。

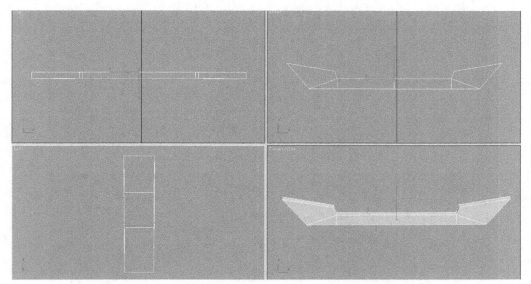

图 5-58　制作主脊模型

　　将主脊和侧脊模型拼装到屋顶结构上，这样关隘城楼的顶层结构就制作完成了（见图 5-60）。由于城楼三层建筑结构基本相同，因此可以将制作完成的城楼顶层结构看作一个整体，向下复制来完成中层和底层的模型制作，通过整体缩放命令来适当调整结构的比例（见图 5-61），然后通过四视图来观察城楼模型的整体结构（见图 5-62）。

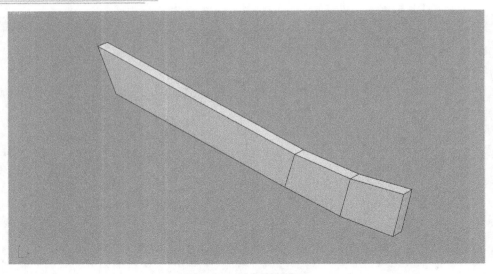

图 5-59 制作侧脊模型

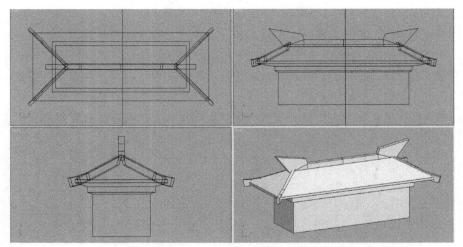

图 5-60 完成上层建筑结构的制作

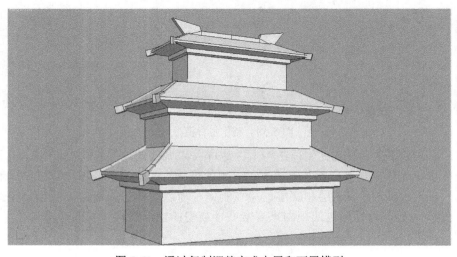

图 5-61 通过复制调整完成中层和下层模型

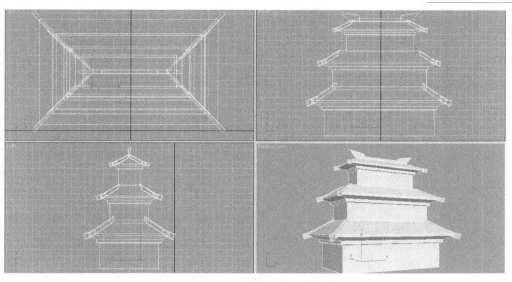

图 5-62　模型四视图中的效果

　　完成关隘城楼模型的制作后，向下开始制作城楼与城门之间的城墙建筑结构，利用编辑多边形命令制作出墙体的基本外形（见图 5-63）。

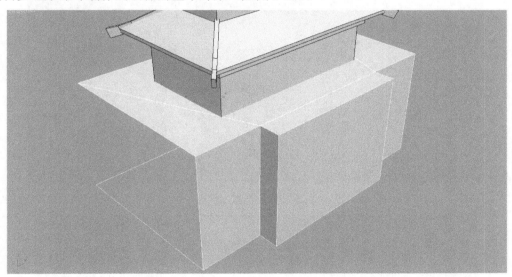

图 5-63　制作中间城墙结构

　　通过 BOX 模型简单编辑制作出城墙上边缘的包边模型结构（见图 5-64），对于规模较大的建筑模型，我们在模型的转折边缘处都必须要做好衔接处理，常用的方法就是利用模型制作包边结构，这种方法有别于上一节中所讲的利用贴图来制作包边，两者都属于常用方法。

　　接下来沿着墙体模型向下制作城门的模型结构，先利用 BOX 模型制作出城门的基本框架结构（见图 5-65）。然后通过布线为城门模型添加分段，编辑制作城门模型的细节结构，在城门模型上端边缘处同样利用模型来制作包边结构（见图 5-66）。城门模型完成以后，再来制作城门两侧的隔断城墙和立柱结构（见图 5-67）。

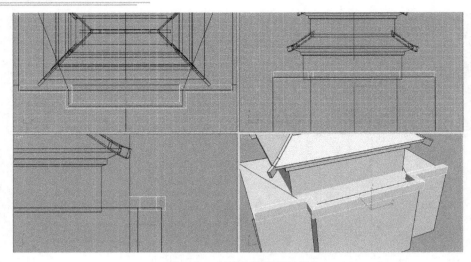

图 5-64　制作包边模型结构

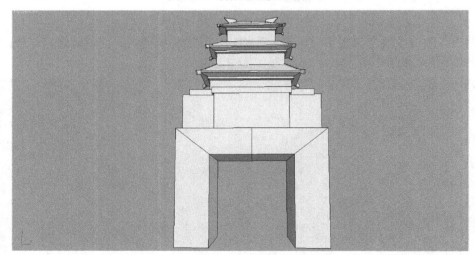

图 5-65　制作城门框架

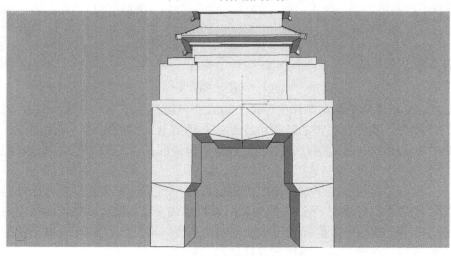

图 5-66　制作包边结构

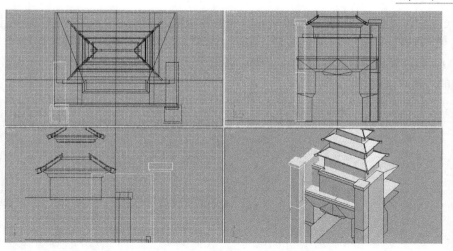

图 5-67　制作两侧城墙和立柱模型

　　接下来制作城门一侧的主体城墙结构，由简单的 BOX 模型编辑制作而成（见图 5-68）。要注意城墙顶部模型结构的处理，这里利用模型自身的收缩转折来实现模型的包边转折效果（见图 5-69）。

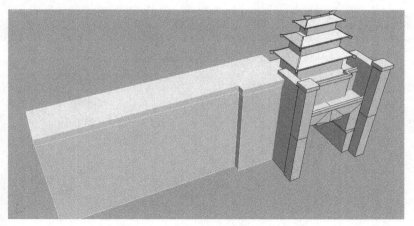

图 5-68　制作一侧的城墙结构

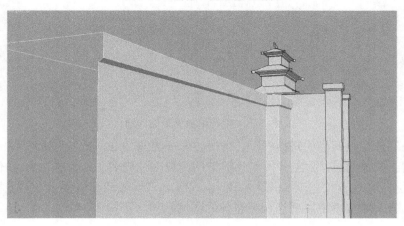

图 5-69　城墙上方的转折结构处理

通过编辑多边形制作出主体城墙前方的附属城墙结构，利用 BOX 模型制作出外围和内侧的城墙结构，这里要注意城墙上端通过切线的方式留出了贴图的包边结构（见图 5-70）。然后利用 Plane 模型制作出附属城墙上方的地面，这里可以进一步观察城墙包边结构的处理（见图 5-71）。

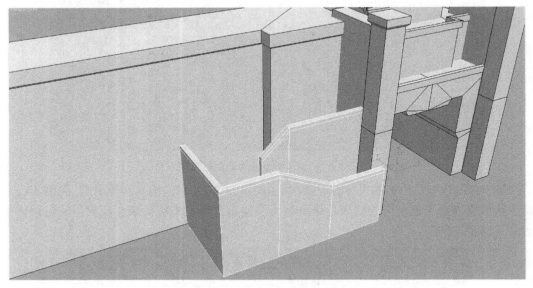

图 5-70　制作附属城墙结构

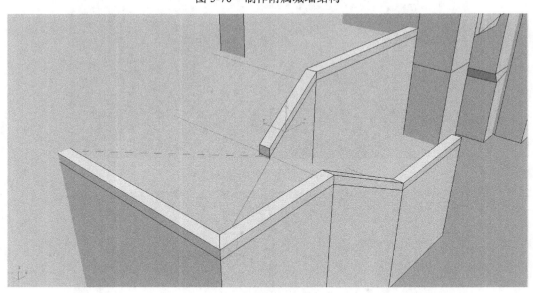

图 5-71　制作城墙上方的地面

接下来制作城门两侧的塔楼模型。塔楼整体分为两部分，上方的城楼和下方的塔楼。塔楼模型的结构很简单，由主体模型和前方的两根立柱构成（见图 5-72）。我们将塔楼模型拼接放置在制作完成的关隘场景中（见图 5-73）。附属城墙和塔楼上方的城楼仍然可以复制之前完成的城楼模型，适当调整整体的比例结构（见图 5-74）。

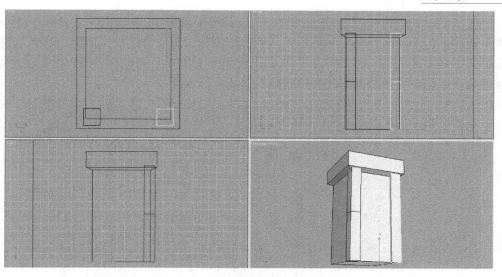

图 5-72　制作塔楼墙体模型

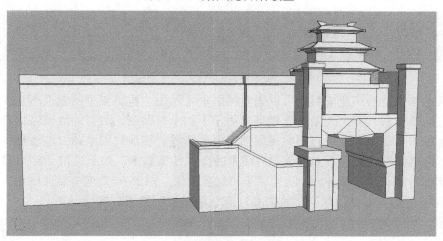

图 5-73　与场景进行拼接

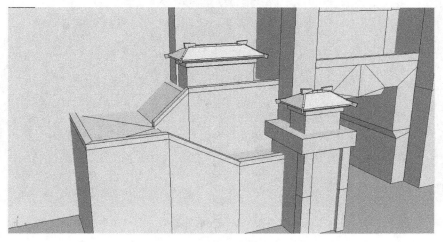

图 5-74　复制塔楼模型

当完成了一侧的主体城墙、附属城墙、立柱和塔楼模型后,将以上模型的轴心(Pivot)设置对齐到城门的中央,然后利用镜像复制命令制作出另一侧的模型结构,这样整个关隘模型的主体结构就基本制作完成了(见图5-75)。在实际项目制作中要善于运用复制、镜像等命令,这样可以大量节省制作时间,提高工作效率。

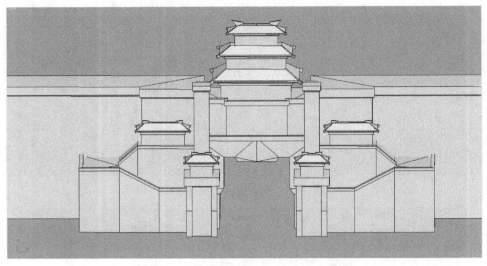

图 5-75　利用镜像复制完成另一侧模型

建筑主体模型制作完成后,可以先对模型进行贴图。建筑模型的规模越大并不意味着需要的贴图越多,整个关隘场景模型只用了不到十张贴图。所有的城墙结构都用同一张二方连续的石砖贴图,所有的城楼屋顶都用到了屋脊和房瓦的贴图,城楼墙体也只用一张二方连续贴图,城门正上方是带有雕刻的金属纹饰贴图。对于建筑 UV 分展及贴图的基本方法,上一节已经讲过,这里就不再过多涉及。图 5-76 为模型整体贴图完成的效果,图 5-77 是模型的贴图细节,特别要注意包边结构的贴图处理。

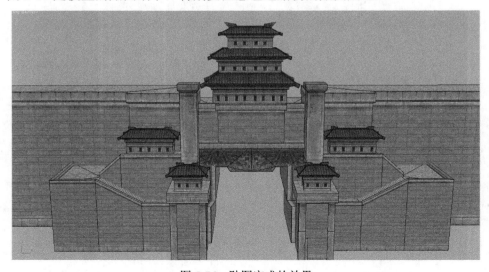

图 5-76　贴图完成的效果

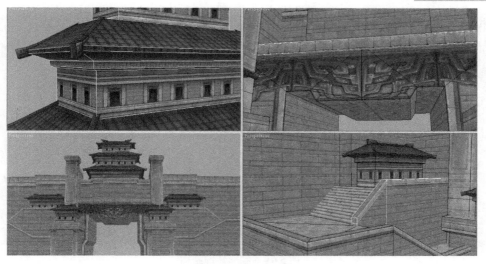

图 5-77　贴图细节效果

　　制作完关隘场景的主体模型后，我们开始制作模型装饰结构。先来制作城墙上方的墙垛模型。由于附属城墙、城门以及两侧塔楼是距离玩家角色比较近的区域，所以这里的墙垛结构利用 BOX 模型来制作；而对于两侧主体城墙上方距离玩家角色比较远的区域，则用 Plane 面片模型来模拟墙垛的效果（见图 5-78）。如果全部都用 BOX 模型，即使每个 BOX 只有 5 个模型面，但由于墙垛数量过多，所有面数叠加到一起仍然会造成巨大的资源负担，这种远距离利用面片来模拟的方法也是游戏场景制作中常用的技术手法。

图 5-78　制作墙垛模型

　　接下来制作添加城门上方的石质雕刻装饰和下方的木质装饰结构（见图 5-79）。制作添加塔楼下方的木门结构（见图 5-80），制作两侧立柱上装饰结构以及塔楼之间的拱门结构（见图 5-81 和图 5-82），以上结构细节主要还是靠贴图来表现。

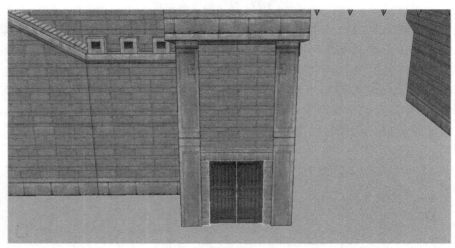

图 5-79　制作装饰结构

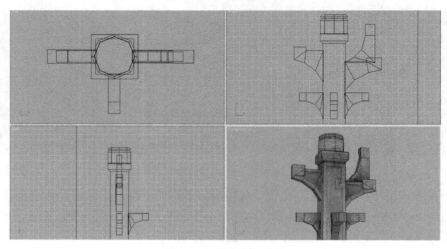

图 5-80　制作塔楼木门

图 5-81　制作立柱装饰

图 5-82　制作拱形装饰结构

　　制作完建筑装饰结构后，整个关隘场景建筑模型就制作完成了，图 5-83 是关隘场景模型在 3ds Max 视图中的完成效果。其实在实际项目制作中，规模如此大的场景建筑模型实际用面只有 3000 多面，全部贴图也仅用十张。

图 5-83　模型制作完成后的效果

　　建筑模型制作完成后，可以在 3ds Max 软件中搭建一个简单场景，来模拟模型导入到游戏引擎编辑器中的效果。在 3ds Max 视图中创建横纵分段数各为 100 的 Plane 模型，作为引擎编辑器中的地表区块（见图 5-84）。

图 5-84　创建 Plane 模型

将 Plane 模型塌陷为可编辑的多边形，利用多边形编辑面层级下的 Paint Deformation 笔刷绘制工具制作出起伏的地表山脉模型，地表中间留出的平坦地形就是我们要放置关隘模型的区域（见图 5-85）。

图 5-85　绘制地表区域

将之前制作的关隘场景模型放置到地表场景当中，关隘两侧的城墙要插入到地表山体中（见图 5-86）。由于地表山体的起伏通常会形成一定的坡度，所以在制作这类场景模型时要尽量将两侧的城墙延长，而对于较大跨度的关隘场景，也可以利用分段式城墙在野外地表场景中进行拼接处理。选中关隘模型利用旋转或镜像复制的方式得到另一侧的模型，这样就形成了双侧完整的关隘场景（见图 5-87）。最后，对 Plane 地表模型添加贴图，同时导入植物模型和山石模型，制作出完整的野外场景效果，如图 5-88 所示。

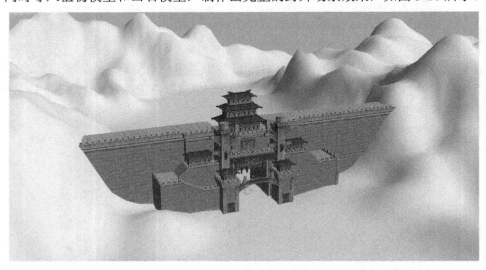

图 5-86　将关隘模型放置到地表中

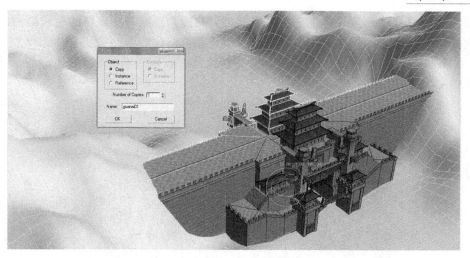

图 5-87　镜像复制拼接背面模型

图 5-88　视图中场景的最终效果

5.4　Q 版游戏场景建筑模型实例制作

　　前面的内容主要以写实风格模型制作为主，其实，写实风格建筑模型的整体制作流程和方法同样适用于 Q 版风格场景建筑模型的制作。只不过 Q 版场景建筑大多具有自己独特的风格特点，只要善于总结并抓住这些特点，那么 Q 版场景与写实场景在制作上并没有太多区别。对于 Q 版游戏场景来说，通常模型面数十分精简，这里需要注意的是，Q 版面数的限制其实并不是由于要考虑硬件和引擎负载的缘故，而是由自身风格所决定的，低精度模型的棱角和简约感刚好符合 Q 版化的设计理念。

　　Q 版场景总体来说最大的特点就是夸张，将正常比例结构的建筑通过夸张的艺术手法改变为卡通风格的建筑，这也就是"Q 化"的过程，所以对于新手来说，要制作 Q 版场景建筑，完全可以先将其制作成写实风格的建筑，然后通过调整结构和比例的关系实现 Q 化，下面就来看一下实现 Q 化的基本方法。

图 5-89 是 3ds Max 视图中的三种柱子模型，左侧为正常写实风格的建筑结构，中间和右侧就是 Q 版建筑风格的结构。对于 Q 版场景建筑整体结构 Q 化的基本方法就是"收和放"，如图所示，中间的柱子就是将其中部放大同时收缩顶底，右侧的柱子恰恰相反，是将其中部收缩同时放大顶底。

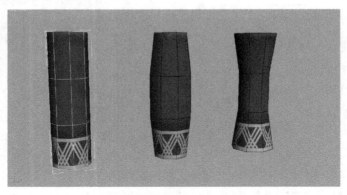

图 5-89　立柱的 Q 版设计

经过这两种方法的处理，正常的柱子都变成了可爱的卡通风格，这种方法对于建筑模型结构也同样适用。写实风格建筑的墙体都是四四方方、正上正下的结构，可以通过 Q 化使之变成圆圆胖胖和细细瘦瘦的卡通风格（见图 5-90）。

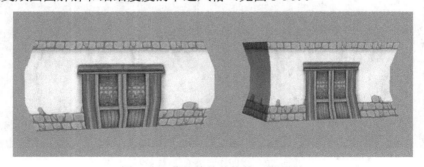

图 5-90　建筑墙体结构的 Q 版设计

以上介绍的 Q 化方法只是最基本的方法，其实 Q 版场景建筑还有更多的风格特色需要制作者去把握。图 5-91 中是一座完整的 Q 版场景建筑，建筑整体基本是下小上大的倒梯形结构，屋脊结构夸张、巨大，柱子和墙体采用了上面介绍的 Q 化方法来制作，建筑的细节结构，如瓦片、门窗、装饰等多为简约、紧凑的结构特点，地基围墙也是紧紧贴在建筑周围。另外，从模型贴图来说，Q 版建筑的贴图基本是纯手绘风格，大多采用亮丽的颜色，尽量避免使用纹理叠加，尽量体现卡通风格。

Q 版建筑是游戏场景建筑中比较独特的门类，其制作方法并不复杂，主要是对于建筑特点和风格的把握，只要善于观察，多多参考相关的建筑素材，同时进行大量的实践练习，那么假以时日一定能掌握 Q 版场景建筑模型的制作诀窍和要领。

图 5-92 为本节 Q 版游戏场景建筑的原画设计图，两个建筑都是以中国传统建筑为基础进行的设计，Q 化主要体现在建筑整体的轮廓和造型，建筑整体为圆柱体，除墙体以外增加了很多圆柱形的建筑装饰结构，同时门窗也都为圆形设计，增加了建筑 Q 版化风格。除此以外，第二个建筑屋顶上还有一个鱼形装饰，更增添了建筑的情趣和氛围。下

面开始实际模型的制作。

图 5-91　Q 版游戏场景建筑

图 5-92　Q 版游戏建筑原画

　　首先，在 3ds Max 视图中创建一个八边形圆柱体模型（见图 5-93）。将模型塌陷为可编辑的多边形，放大模型地面，同时执行面层级下的 Extrude 命令将模型面挤出，将其作为建筑的屋顶结构（见图 5-94）。选中下方模型面，执行面层级下的 Inset 命令，将面向内收缩（见图 5-95）。然后将收缩的模型面继续向下挤出（见图 5-96）。

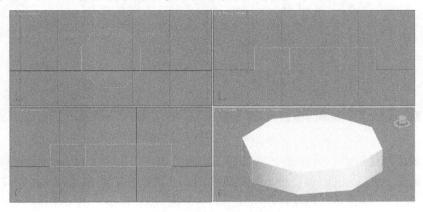

图 5-93　创建圆柱体模型

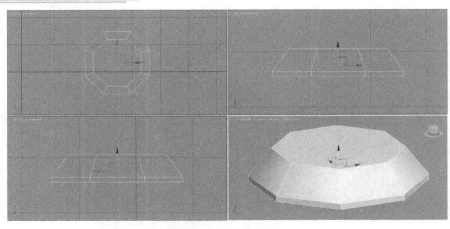

图 5-94　放大模型底面

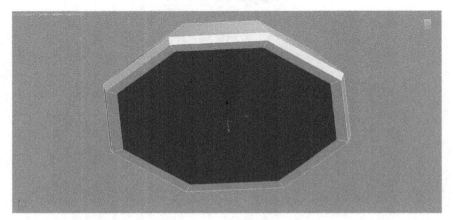

图 5-95　收缩模型面

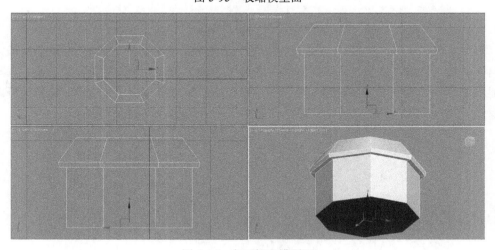

图 5-96　向下挤出模型面

　　进入多边形边层级，选中基础模型侧面的所有边线，利用 Connect 增加两条横向分段边线（见图 5-97）。进入点层级，调整模型顶点，将圆柱中间进行放大，制作出模型的Q 版特点（见图 5-98）。然后继续将模型底面向下挤出，制作出下方的边楞结构（见图 5-99）。

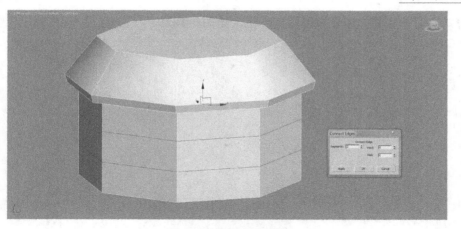

图 5-97　增加分段边线

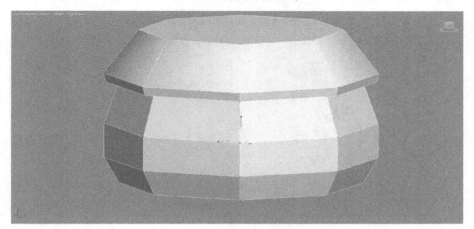

图 5-98　调整模型顶点

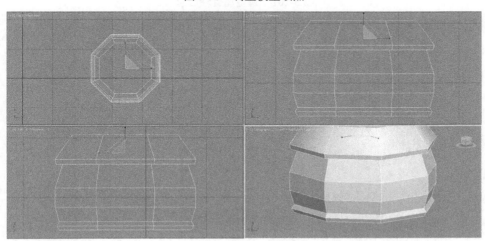

图 5-99　制作下方边楞结构

　　利用 BOX 编辑制作屋脊模型，这里仍然要把握 Q 版建筑结构的特点，屋脊上窄下宽，效果如图 5-100 所示。将制作完成的屋脊模型移动放置到屋顶的一条边楞上，然后将屋脊模型的轴心点与建筑主体进行中心对齐（见图 5-101）。接下来就可以利用旋转复制的方式快速完成其他屋脊模型的制作了（见图 5-102）。

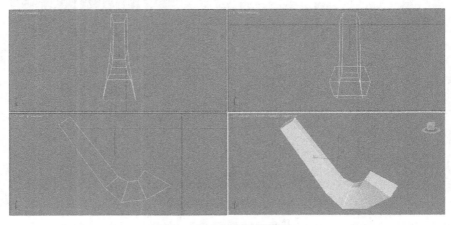

图 5-100　制作屋脊模型

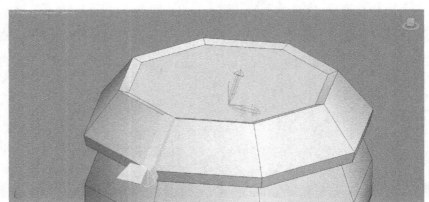

图 5-101　调整屋脊轴心点

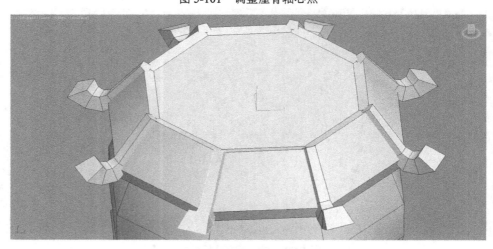

图 5-102　旋转复制得到其他屋脊模型

接下来在视图中创建五边形圆柱体模型，仍然要制作成上窄下宽的 Q 版风格，将窄的一端穿插到建筑墙体下边（见图 5-103）。将圆柱体模型复制一份，进行放大，将其放置在建筑下面，作为木质支撑结构，然后通过调整轴心点和旋转复制的方式可以快速完成其他结构的制作（见图 5-104）。

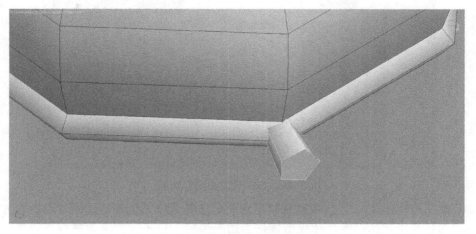

图 5-103　制作圆柱体装饰模型

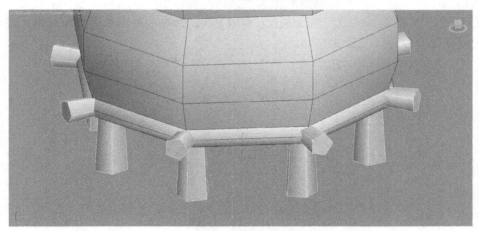

图 5-104　制作下方支撑结构

　　最后用一个板状的 BOX 模型作为木板楼梯结构，然后在建筑旁边制作添加场景道具模型（见图 5-105），这样其中一个 Q 版建筑模型就制作完成了，完成效果如图 5-106 所示。

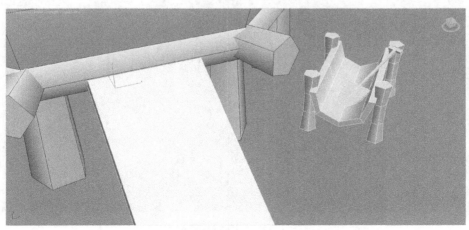

图 5-105　制作楼梯和场景道具模型

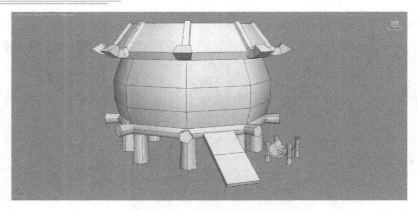

图 5-106　Q 版建筑完成的效果

接下来开始制作第二个 Q 版建筑模型。首先还是从屋顶结构开始制作，制作方法与前面一样都是利用八边形圆柱体模型进行多边形编辑，只不过这里需要制作双层房檐结构，如图 5-107 所示。然后将模型底面向下挤出，制作出墙体结构，墙体采用上窄下宽的 Q 版化设计（见图 5-108）。在墙体下方利用 Bevel 命令制作出一个底座结构，底座侧面从上到下逐渐收缩（见图 5-109）。

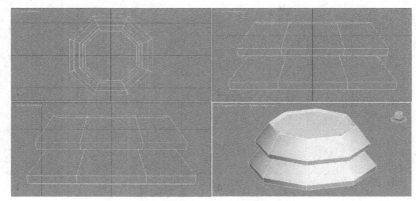

图 5-107　制作房顶结构

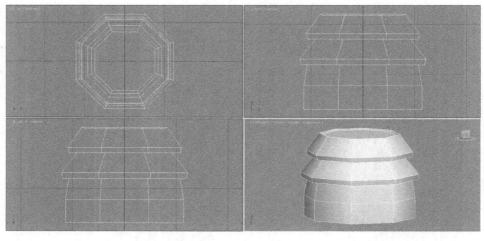

图 5-108　制作墙体结构

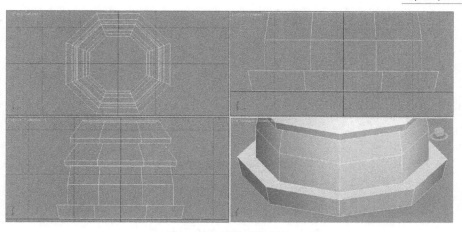

图 5-109　制作底座结构

接下来为房顶添加屋脊结构，这里可以直接复制之前制作的屋脊模型，同样利用调整轴心点和旋转复制的方式快速完成所有屋脊模型的制作（见图 5-110）。在顶层屋脊结构上方添加圆柱体模型，将其作为建筑装饰结构（见图 5-111）。在建筑底部制作添加楼梯结构以及场景道具模型，这样整个建筑主体就基本制作完成了（见图 5-112）。

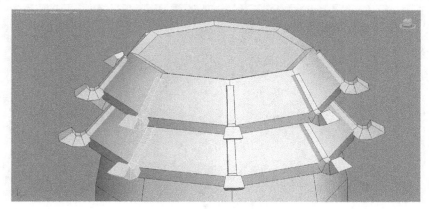

图 5-110　添加屋脊结构

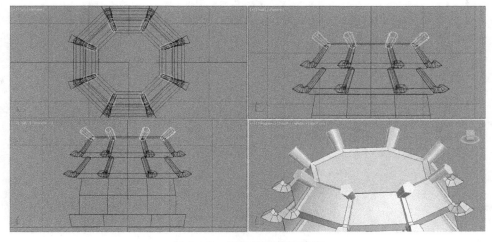

图 5-111　添加屋顶装饰结构

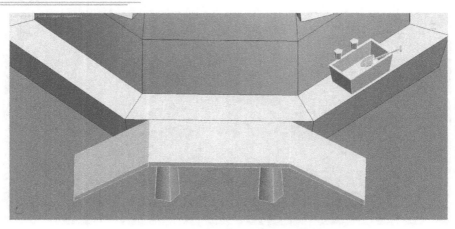

图 5-112　制作楼梯和场景道具模型

　　最后需要制作建筑顶部的鱼形装饰结构。首先在 3ds Max 视图中创建 BOX 模型，设置合适的分段数，由于鱼形装饰为中心对称结构，所以只需要编辑制作一侧的模型结构，另一侧通过镜像复制就能完成（见图 5-113）。将 BOX 塌陷为可编辑的多边形，调整模型顶点，编辑出基本的轮廓外形（见图 5-114）。

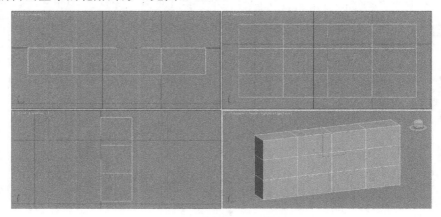

图 5-113　创建 BOX 模型

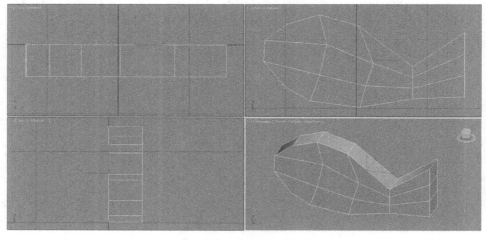

图 5-114　编辑轮廓外形

通过 Cut 命令增加分段边线，进一步编辑模型，将模型制作得更加圆滑（见图 5-115）。通过挤出命令和进一步编辑，制作出鱼的嘴部结构（见图 5-116）。最后制作出鱼的尾部结构（见图 5-117）。通过镜像复制并焊接顶点完成整个鱼形装饰模型的制作，将模型放置到屋顶，这样整个 Q 版建筑模型就制作完成了，最终效果如图 5-118 所示。

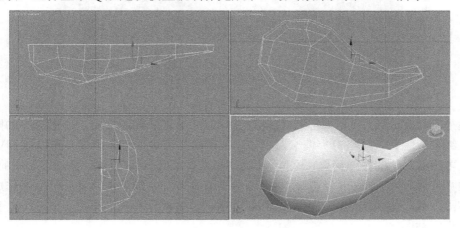

图 5-115　进一步编辑模型

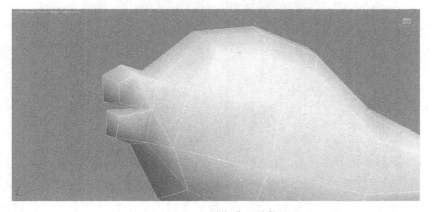

图 5-116　制作嘴部结构

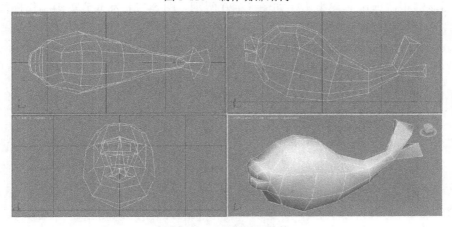

图 5-117　制作尾部结构

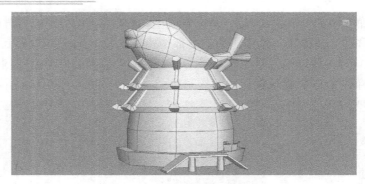

图 5-118　模型最终完成效果

　　模型制作完成后，下一步需要对模型进行 UV 分展和贴图绘制。Q 版模型的贴图一般都是纯手绘制作，风格也更偏卡通，多用亮丽的颜色进行平面填充，所以在 UV 方面不用过多担心 UV 的拉伸问题。这里可以将模型 UV 进行简单分展，再进行贴图的绘制，将屋顶瓦片进行单独拆分，然后是屋脊和场景道具装饰，最后墙体部分可以制作成二方连续贴图，每一座建筑的所有模型元素 UV 都可以拼接到一张贴图上。图 5-119 为绘制完成的模型贴图。

图 5-119　手绘风格的 Q 版模型贴图

　　贴图绘制完成后，将其添加到模型上，然后通过 UV 编辑器再对 UV 进行细节调整，保证贴图能够正确匹配到模型上，如图 5-120 所示。图 5-121 为本节实例制作模型在 3ds Max 视图中最后完成的效果。

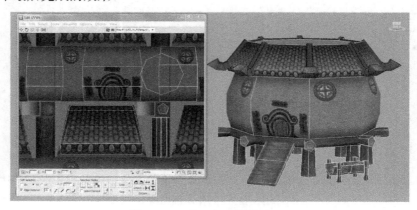

图 5-120　进一步调整模型 UV

图 5-121　模型最终完成的效果

CHAPTER

6

游戏引擎野外场景实例制作

对于市面上常见的网络游戏来说，它的场景部分其实是由众多野外地图构成的，每一张地图中都包含了大量的局部地图场景，这种关系就类似于我们生活中的旅游景区，如果把整个景区看作游戏中的野外地图，那么景区中的各个独立景点就是野外地图中的局部地图场景。游戏企划部门将野外地图整体规划完成后，游戏场景设计师负责开始制作每一个独立的局部地图场景，之后再来处理它们之间的地图过渡区域，这样最终就完成了整个野外地图场景的制作。

一个完整的野外场景应当包括地表地形、山石岩体、河流水系、树木植被以及场景建筑等五大方面，对于大型野外局部场景的制作也必须从这几大方面入手，针对不同的部分进行独立制作，最后再将所有模型元素进行整体拼合。其中山石模型、植物模型以及场景建筑模型需要在 3ds Max 中完成，地表地形以及水系元素通常利用引擎编辑器来制作，最后的拼合过程也是通过游戏引擎编辑器来实现的。

对于以上讲到的游戏野外场景五大元素，它们之间存在一种相互依托的关系，这种关系可以用金字塔体系来概括，如图 6-1 所示。首先，场景的地表地形山脉是借助于引擎地图编辑器来实现的游戏场景平台，野外地图中所有场景元素都必须依托于这个平台来实现，它是整个金字塔体系的根基所在；其次，在场景地形之上通过制作山石模型、植物模型和水系来丰富场景细节，它们与场景地形共同构成了野外地图场景的自然元素部分，这也是野外游戏场景与纯建筑场景的最大区别之处；最后，在场景自然元素部分之上还要制作场景建筑模型，场景建筑在整个金字塔体系中处于核心位置，它是构成整个场景的主体元素，也是游戏中玩家角色活动的主要区域。整个金字塔体系中的各个元素相互依托，各司其职，缺一不可。

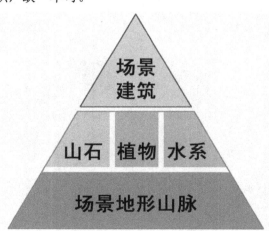

图 6-1　游戏野外场景元素体系图

在了解了野外场景各元素之间的关系后，下面来介绍游戏野外场景的一般制作流程：

（1）在 3ds Max 中制作场景建筑模型、场景道具模型以及各种装饰模型。

（2）在 3ds Max 中制作各种形态的山体岩石模型。

（3）在 3ds Max 中制作各种植物植被模型。

（4）在 3ds Max 中利用 Plane 面片、Alpha 贴图以及 UV 动画制作场景瀑布水系。

（5）在游戏引擎地图编辑器中创建绘制地表地形和地表山脉。

（6）将 3ds Max 中制作的所有场景元素进行导出，然后导入到游戏引擎编辑器中。

（7）利用引擎编辑器将所有场景元素进行整合，进一步编辑制作地图场景的细节。

（8）地图场景基本制作完成以后，在引擎编辑器中添加光影效果、各种粒子和动画特效，对场景整体进行烘托和修饰。

总体来说，野外游戏场景的制作过程仍然遵循了上面的金字塔体系，基本按照金字塔图中从上到下的顺序来制作。首先制作主体建筑模型，然后分别制作各个自然元素部分，最后制作场景地形地表，并将所有元素进行整合，整个流程是一个"由零化整"的过程。对于场景模型的制作方法在前面的章节中已经详细讲解过，这里不再过多涉及。本章主要针对 Unity3D 游戏引擎地图编辑器进行讲解，由于内容和篇幅的限制无法将引擎编辑器的所有命令逐一进行讲解，这里更多侧重于整体制作流程的学习。

6.1 3ds Max 模型优化与导出

对于要应用于游戏引擎的三维模型来说，当模型在 3ds Max 软件中制作完成时，它所包含的基本内容，包括模型尺寸、单位、模型命名、节点编辑、模型贴图、贴图坐标、贴图尺寸、贴图格式、材质球等必须是符合制作规范的，一个归类清晰、面数节省、制作规范的模型文件对于游戏引擎的程序控制管理是十分必要的。在本书中我们将以 Unity 引擎作为讲解的范例编辑器，下面就来讲解一下在 Unity 引擎编辑器中所应用模型的制作要求和规范。

▶ 1. 对于模型面数的控制

在 3ds Max 软件中制作单一模型的面数不能超过 65000 个三角形面，即 32500 个多边形（Polygon），如果超过这个数量，模型物体不会在引擎编辑器中显示出来，这就要求我们在模型制作时必须时刻把握模型面数的控制。在 3ds Max 中，可以通过 File 菜单下的 Summary Info 工具或者工具面板中的 Polygon Counter 工具来查看模型物体的多边形面数。每一种游戏引擎编辑器都有自己对于模型面数的限制和要求，而省面的原则也是游戏模型制作中时刻需要遵循的最基本原则。

▶ 2. 对于模型 Pivot 的设置

在 3ds Max 中制作完成的游戏模型，一定要对其 Pivot（轴心）进行重新设置，可以通过 3ds Max 的 Hierarchy 面板下的 Adjust Pivot 选项进行设置。对于场景模型来说，尽量将轴心设置于模型基底平面的中心，同时一定要将模型的重心与视图坐标系的原点对齐，如图 6-2 所示。

▶ 3. 对于模型的单位设置

通常以"米（Meters）"为单位，可以在 3ds Max 的 Customize 自定义菜单下，通过 Units Setup 命令选项来进行设置，在弹出的面板的显示单位缩放中选择 Metric-Meters，并在 System Unit Setup 中设置系统单位缩放比例 1Unit=1Meters（见图 6-3）。

图 6-2　在 3ds Max 中设置模型的轴心

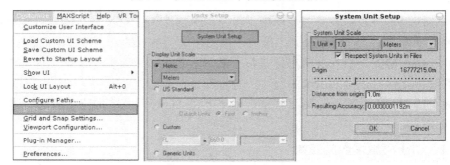

图 6-3　在 3ds Max 中设置系统单位

4. 对于 3ds Max 建模的要求

建模时最好采用 Editable Poly（编辑多边形）进行建模，这种建模方式在最后烘焙时不会出现三角面现象，如果采用 Editable Mesh 在最终烘焙时可能会出现三角面的情况。要注意删除场景中多余的多边形面，在建模时，玩家角色视角以外的模型面可以删除，主要是为了提高贴图的利用率，降低整个场景的面数，提高交互场景的运行速度，例如模型底面、贴着墙壁物体的背面等（见图 6-4）。

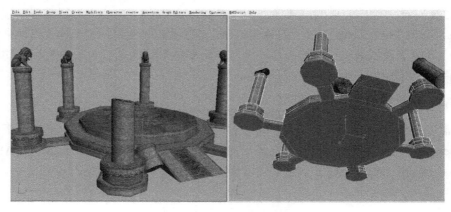

图 6-4　删除看不见的模型面

同一游戏对象下的不同模型结构，在制作完成导出前，要将所有模型部分塌陷并 Attach 为一个整体模型，然后再对模型进行命名、设置轴心、整理材质球等操作。

5. 对于模型面之间的距离控制

默认情况下，Unity 引擎是不承认双面材质的，除非使用植物材质球 Nature 类型，所以在制作窗户、护栏等利用 Alpha 贴图制作的模型物体时，如果想在两面都能看到模型，则需要制作出厚度，或者复制两个面翻转其中一个的 Normal 法线，但是两个模型面不能完全重合，否则导入引擎后会出现闪烁现象，这就涉及到模型面之间的距离问题。通常来说，模型面与面之间的距离推荐最小间距为当前场景最大尺度的两千分之一。例如，在制作室内场景时，物体面与面之间的距离不要小于 2mm；在制作场景长（或宽）为 1km 的室外场景时，物体面与面之间的距离不要小于 20cm。

6. 模型的命名规则

对于要应用到 Unity3D 引擎中的模型，其所有构成组件的命名都必须要用英文，不能出现中文字符。在实际游戏项目制作中，模型的名称要与对应的材质球和贴图命名统一，以便于查找和管理。模型的命名通常包括前缀、名称和后缀三部分，例如建筑模型可以命名为 JZ_Starfloor_01，不同模型之间不能重名。

7. 材质贴图格式和尺寸的要求

Unity 引擎并不支持 3ds Max 所有的材质球类型，一般来说只支持标准材质（Standard）和多重子物体材质（Multi/Sub-Object）。而多重子物体材质球中也只能包含标准材质球，多重子物体材质中包含的材质球数量不能超过 10。对于材质球的设置通常只应用到通道系统，而其他诸如高光反光度、透明度等设置在导入 Unity 引擎后是不被支持的。

Unity3D 支持的图形文件格式有 PSD、TIFF、JPG、TGA、PNG、GIF、BMP、IFF、PICT，同时也支持游戏专用的 DDS 贴图格式。模型贴图文件的尺寸必须是 2 的 N 次方（8、16、32、64、128、256、512），最大贴图尺寸不能超过 1024×1024。

8. 材质贴图的命名规则

与模型命名一样，材质和贴图的命名同样不能出现中文字符，模型、材质与贴图的名称要统一，不同贴图不能出现重名现象，贴图的命名同样包含前缀、名称和后缀，例如 jz_Stone01_D。在实际游戏项目制作中，不同的后缀名代指不同的贴图类型，通常来说，_D 表示 Diffuse 贴图，_B 表示凹凸贴图，_N 表示法线贴图，_S 代表高光贴图，_AL 表示带有 Alpha 通道的贴图。

9. 关于模型物体的复制

对于场景中应用的模型物体，可以复制的尽量复制。如果一个 1000 个面的模型物体，烘焙之后复制 100 个，那么它所消耗的资源基本上和一个物体所消耗的资源一样多，这也是节省资源、提高效能的有效方法。

除了以上这些，在实际项目模型的制作中，还有一个必须要了解的概念就是碰撞盒。所谓的"碰撞盒"就是指包围在模型表面，用来帮助引擎计算物理碰撞的模型面。如果把制作完成的场景或建筑模型导入到游戏引擎，在实际的游戏中玩家操控的角色并不会与任何模型发生碰撞关系，角色靠近模型后会出现直接穿透模型的现象。因为在游戏引擎中模型面和碰撞面是两个完全独立的部分，只有当模型被赋予碰撞面后，在实际游戏中才会与玩家角色发生碰撞关系。

由于玩家角色并不是与模型的所有部分都能发生碰撞，如果把整体复制模型当作碰撞面的话会产生大量废面，占用大量引擎资源，加重引擎负荷，所以通常情况下当场景或建筑模型制作完成后，要单独制作模型的"碰撞盒"。图 6-5 中透明的模型面就是建筑模型的"碰撞盒"，制作的原则就是用面要尽量精简，同时要尽量贴近模型原本的表面，使碰撞计算更加精确。

图 6-5　场景建筑模型的碰撞盒

当模型制作完成后需要对模型进行导出，对于 Unity 引擎来说最为兼容的模型导出格式为.FBX 文件。FBX 是 Autodesk MotionBuilder 固有的文件格式，该系统用于创建、编辑和混合运动捕捉和关键帧动画，它也是用于与 Autodesk Revit Architecture 共享数据的文件格式。虽然 Unity3D 引擎支持 3ds Max 导出的众多 3D 格式文件，但在兼容性和对象完整保持度上 FBX 格式要优于其他的文件格式，成为 3ds Max 输出 Unity 引擎的最佳文件格式，也被 Unity 官方推荐为指定的文件导入格式。

当模型或动画特效在 3ds Max 中制作完成后，可以通过 File 文件菜单下的 Export 选项进行模型导出。我们可以对制作的整个场景进行导出，也可以按照当前选中的物体进行导出。接下来在路径保存面板中选择 FBX 文件格式，会弹出 FBX Export 设置面板，我们可以在面板中对需要导出的内容进行选择性设置。

我们可以在面板中设置包括多边形、动画、摄像机、灯光、嵌入媒体等内容的输出与保存，在 Advanced Options 高级选项中可以对导出的单位、坐标、UI 等参数进行设置。设置完成后点击 OK 按钮就完成了对 FBX 格式文件的导出（见图 6-6）。

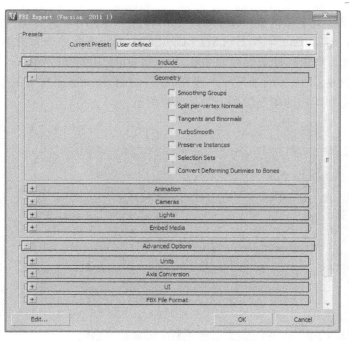

图 6-6　FBX 文件导出设置面板

6.2　游戏引擎地图编辑器创建地表

　　场景模型元素制作完成后，下一步就要在 Unity 引擎编辑器中创建场景地形，地形是游戏场景搭建的平台和基础，所有美术元素最终都要在引擎编辑器的地形场景中进行整合。创建地形之前首先需要在 Photoshop 中绘制出地形的高度图，高度图决定了场景地形的大致地理结构，如图 6-7 所示，图中黑色部分表示地表水平面，越亮的部分表示地形凸起海拔越高，高度图的导入可以方便后面更加快捷地进行地表编辑与制作。

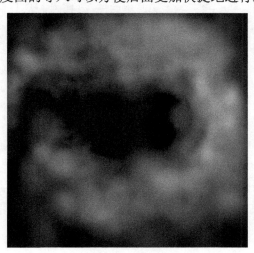

图 6-7　在 Photoshop 中绘制地形高度图

启动 Unity3D 引擎编辑器，首先通过 Terrain 菜单下的创建地形命令创建出基本的地表平面，然后点击 Terrain 菜单下的 Set Heightmap resolution 命令设置地形的基本参数，我们将地形的长、宽和高分别设置为 800、800 和 600，其他参数保持不变，然后点击 Set Resolution，如图 6-8 所示。地形尺寸设置完成后，通过 Terrain 菜单下的 Import Heightmap 命令来导入之前制作的地形高度图，如图 8-9 所示。

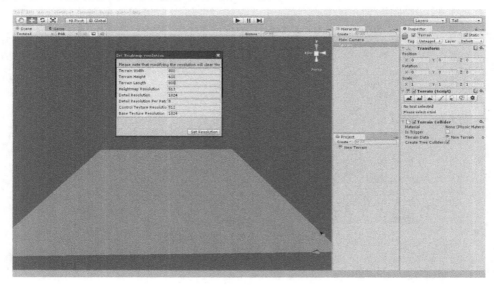

图 6-8 创建地形平面

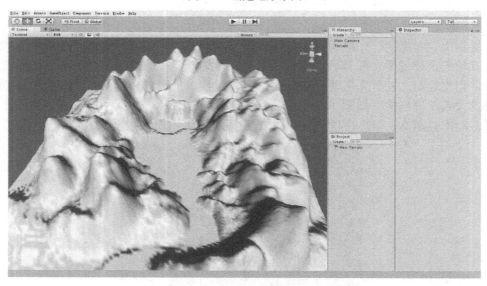

图 6-9 导入地形高度图

基本的地形结构创建出来后需要利用 Inspector 地形面板中的 Smooth Height 工具对地形进行柔化处理，这样做是为了消除高度图导入造成的地形中粗糙的起伏转折，如图 6-10 所示。

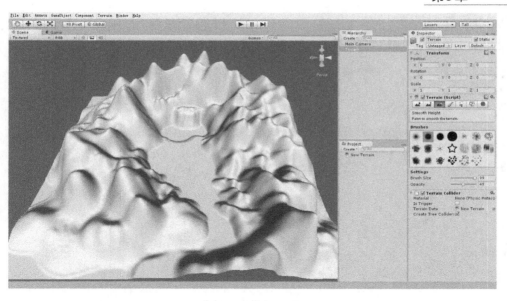

图 6-10　柔化地形

接下来通过地形面板中的绘制高度工具制作出山地中央的平坦地形，这是后面我们用来放置场景模型的主要区域，也是游戏场景中角色的行动区域，如图 6-11 所示。

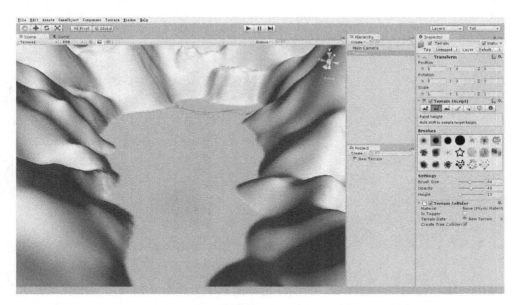

图 6-11　利用绘制高度工具制作地表平面

通过地形凹陷工具或者绘制高度工具制作出凹陷的地形结构，这里将作为水池区域。在地形绘制过程中可以反复利用柔化工具来进行处理，让地形结构的起伏更加自然柔和（见图 6-12）。

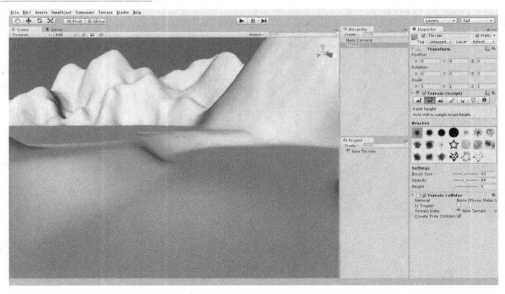

图 6-12　制作凹陷的水塘地形

在水池靠近山脉的一侧，用绘制笔刷制作出两个平台式地形结构，较低的平台用来放置巨树模型，较高的平台后面用来制作瀑布效果（见图 6-13）。

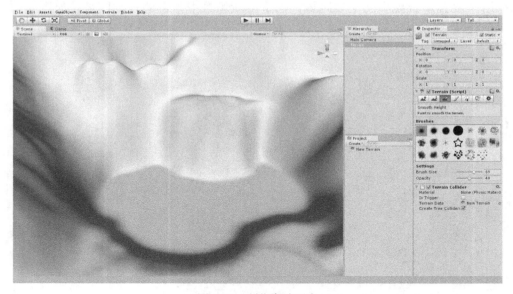

图 6-13　制作高地平台

基本的地形结构制作完成后，我们在地形面板中为地形添加导入一张基本的地表贴图，这里选择一张草地的贴图作为地形的基底纹理，在设置面板中将贴图的 X、Y 平铺参数设置为 5，缩小贴图比例让草地纹理更加密集，如图 6-14 所示。

继续导入一张接近草地色调的岩石纹理贴图，选择合适的笔刷，在凸起的地形结构上进行绘制，这一层贴图主要用于过渡草地和后面的岩石纹理（见图 6-15）。接下来导入一张质感坚硬的岩石纹理贴图，在地形凸起的区域进行小范围的局部绘制，形成山体的岩石效果（见图 6-16）。

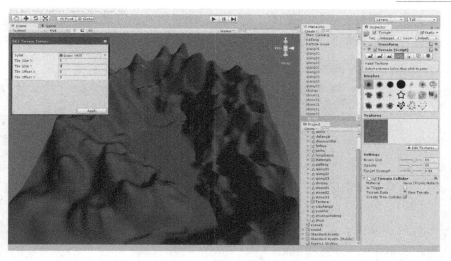

图 6-14　添加地表贴图

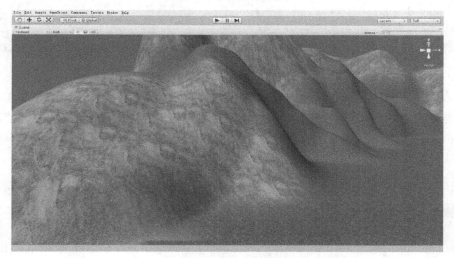

图 6-15　绘制过渡纹理

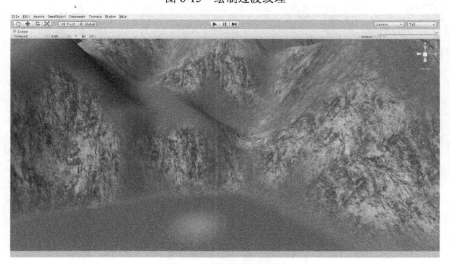

图 6-16　绘制岩石纹理

第四张地表贴图为石砖纹理贴图，用来绘制场景的地面区域，主要用作角色行走的道路。这里要注意调整笔刷的力度和透明度，处理好石砖与草地的衔接（见图6-17）。

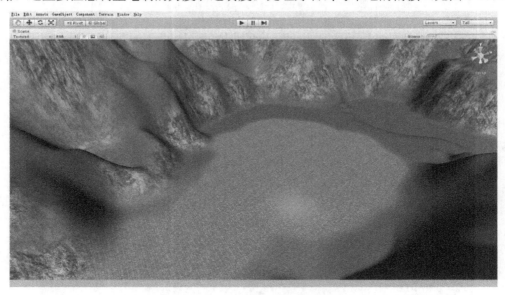

图 6-17　绘制石砖纹理

基本的地表贴图绘制完成后，启动地形面板中的植树工具模块，添加导入 Unity3D 预置资源中的基本树木模型，选择合适的笔刷大小及绘制密度，在草地贴图区域范围内进行种树（见图6-18）。然后，在树木模型周围的草地贴图区域内进行草地植被模型的绘制（见图6-19）。

图 6-18　种植树木

图 6-19　添加草地植被

接下来在 Unity3D 引擎编辑器中通过 GameObject 菜单下的 Create Other 选项来创建一盏 Directional Light 光源，用来模拟场景的日光效果，利用旋转工具调整光照的角度，在 Inspector 面板中对灯光的基本参数进行设置，将 Intensity 光照强度设置为 0.8，选择光照的颜色，在阴影模式中选择 Soft Shadows，同时添加设置 Flare 耀斑效果（见图 6-20）。

图 6-20　添加方向光光源

最后点击 Edit 菜单中的 RenderSettings 选项，在 Inspector 面板中添加 Skybox Material，为场景添加天空盒子，这样整个场景的基本地形环境效果就制作完成了（见图 6-21）。

图 6-21　添加天空盒子

6.3　游戏引擎模型的导入与设置

基本地形制作完成后，我们需要对之前制作的模型元素进行导出和导入的相关设置。首先需要将 3ds Max 中的模型文件导出为 FBX 格式文件，导出前需要在 3ds Max 中进行一系列的格式规范化操作。

打开 3ds Max 菜单栏 Customize（自定义）菜单下的 Units Setup 选项，点击 System Unit Setup 按钮，将系统单位设置为 Centimeters 厘米。接下来打开之前制作的场景模型文件，在模型旁边创建一个长、宽、高分别为 1、1、1.8 的 BOX 模型，用来模拟正常人体的大小比例（见图 6-22）。

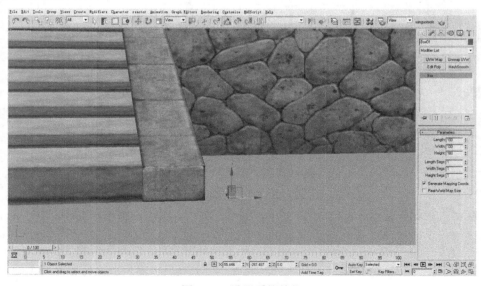

图 6-22　设置系统单位

我们发现建筑模型的整体比例比 BOX 模型大很多，这时就需要根据 BOX 模型利用缩放命令调整建筑模型的整体比例，将其缩小到合适的尺寸（见图 6-23）。

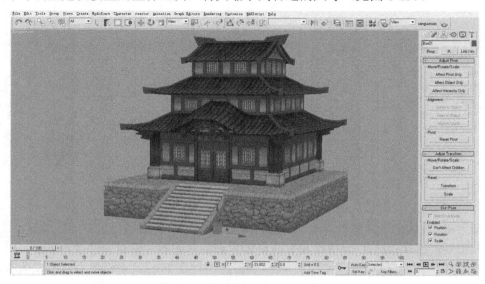

图 6-23　将模型缩放到合适的尺寸

在 3ds Max 工具面板中选择 Rescale World Units 工具，将导出时的 Scale Factor（比例因子）设置为 100（见图 6-24），也就是说在模型导出时会被整体放大 100 倍，这样做是为了模型导入 Unity 引擎编辑器后保持跟 3ds Max 中的模型尺寸相同。最后在导出前还需要保证模型、材质球以及贴图的命名格式要规范且名称统一，检查模型的轴心点是否处于模型水平面中央，模型是否归位到坐标轴原点，一切都符合规范后就可以将模型导出为 FBX 格式文件了。

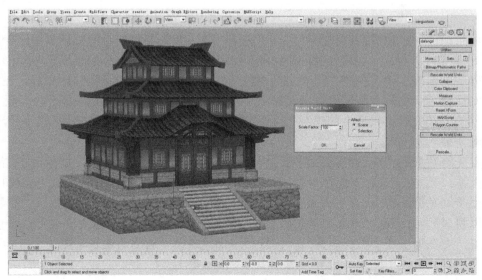

图 6-24　利用 Rescale World Units 工具设置导出比例因子

在将 FBX 文件导入到 Unity 引擎前，需要对 Unity 项目文件夹进行整理和规范，在 Assets 资源文件夹下创建 Object 文件夹，用来存放模型、材质以及贴图文件资源。在 Object

文件夹下分别创建 Materials 和 Texture 文件夹，分别存放模型的材质球文件和贴图文件（见图 6-25）。

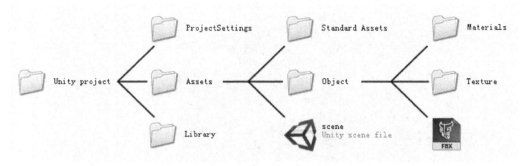

图 6-25　Unity 项目文件夹结构

接下来可以将 FBX 文件以及贴图文件复制到创建好的资源目录中，然后启动 Unity 引擎编辑器，这样就能在 Project 项目面板中看到导入的各种资源文件了。下一步对导入的模型进行设置，选中项目面板中的模型资源，可以在 Inspector 面板中对模型的 Shader 进行设置，如果出现贴图丢失的情况，可以重新指定贴图的路径位置。

除此以外，还需要对模型的碰撞盒进行设置。对于复杂结构的模型，需要对碰撞区域进行单独制作；而对于模型数量较少且面数较少的模型，可以在 Inspector 面板中勾选 Generate Colliders 选项，这样整个模型就以自身网格作为碰撞盒与玩家角色发生物理碰撞阻挡。

6.4　游戏引擎中场景的整合与制作

场景地形创建完成后，模型导入设置完毕，下一步就要对整个游戏场景中的美术元素进行拼构和整合了。场景元素的拼构和整合从根本上来说就是让场景模型与地形之间进行完美的衔接，确定模型在地表上的摆放位置，实现合理化的场景结构布局。在这一步开始前通常会将所有需要的模型元素全部导入 Unity 引擎编辑器的场景视图，然后通过复制的方式随时调用适合的模型，实际制作时通常按照建筑模型、植物模型和岩石模型的顺序导入和摆放。

首先将喷泉雕塑模型和圆形水池平台模型导入并放置于场景中央，调整模型之间的位置关系，模型摆放完成后要利用地形工具绘制模型周边的地表贴图，保证模型和地表完美衔接（见图 6-26）。

以喷泉和水池模型为中心，在其周围环绕式分布放置房屋建筑模型，左侧为一大一小建筑，右侧为三座小型房屋建筑，同样要修饰建筑模型周围的地表贴图（见图 6-27）。在场景入口的道路中间导入放置牌坊模型（见图 6-28）。

图 6-26　将喷泉雕塑及水池模型放置在场景中央

图 6-27　布局房屋建筑模型

图 6-28　导入牌坊模型

在场景地面与水塘交界处构建起围墙结构，利用多组墙体模型组合构建，墙体模型之间利用塔楼进行衔接，在中间设置拱门墙体。这样通过墙体结构将整体场景进行了区域分割，墙体可以阻挡玩家的视线，玩家靠近并穿过后会发现别有洞天，这也是实际游戏场景制作中常用的处理方法（见图6-29）。

图6-29　构建围墙结构

对于这种结构相对较小的场景模型，在引擎编辑器中进行移动、旋转等操作时要格外注意操作的精度，确保模型间穿插衔接不会出现穿帮现象（见图6-30）。

图6-30　墙体的衔接处理

建筑模型基本整合完成后，我们开始导入场景中的植物模型。首先将巨树模型放置在水塘靠近山体一侧的平台地形上，让树木的根系一半扎入地表内，一半裸露在地表之上，利用地形绘制工具处理好地表与植物根系的衔接（见图 6-31）。

图 6-31 导入巨树模型

导入成组的竹林模型，将其放置在房屋建筑后方的地表以及水塘边上，通过复制的方式营造大片竹林的效果，每一组模型可以通过旋转、缩放等方式进行细微调整，使其具备真实自然的多样性变化（见图 6-32）。

图 6-32 大面积布置竹林模型

在巨树模型后方的高地平台上放置拱形岩石模型，后面我们会在这里放置瀑布特效。将之前制作的各种单体岩石模型导入放置于地表山体之上，它们主要用来营造远景的山体效果，当设置场景雾效后，这些山体模型会隐藏到雾中，只会呈现外部轮廓效果（见图 6-33）。

最后导入场景建筑附属的场景装饰模型，如大型房屋建筑门前的龙形雕塑抱鼓石以及拱门墙体门口的装饰路灯模型，这类场景装饰模型可以在场景中大量复制使用（见图 6-34 和图 6-35）。至此整个地图场景就基本制作完成了。

图 6-33　制作远景山体效果

图 6-34　导入龙形雕塑模型

图 6-35　导入路灯模型

6.5　场景的优化与渲染

在引擎地图编辑器中完成了建筑、植物、山石等模型的布局后，最后一步需要对游戏场景添加各种特效。为了进一步烘托场景氛围，增强场景的视觉效果，主要包括对场景添加水面和瀑布、喷泉、落叶等粒子特效，以及为整个场景地图添加雾效。

首先从项目面板中调用 Unity 预置资源中的 Daylight Water 水面效果，将其添加到场景视图中，利用缩放工具调整水面的大小尺寸，对齐放置在喷泉雕塑所在的水池中，因为是近距离观察的水面，我们将 Water Mode 设置为 Refractive 折射模式（见图 6-36）。

图 6-36　制作水池水面效果

将刚刚设置的水面复制一份，放置于水塘中，调整大小比例，让水面与周围地形相接，然后在水面上放置成组的荷花植物模型（见图 6-37）。

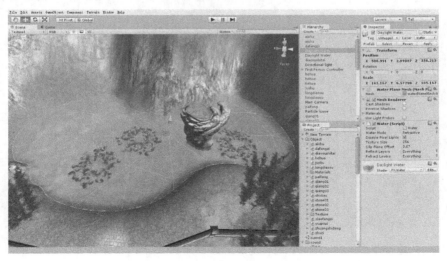

图 6-37　制作水塘水面效果

从 Unity 项目面板中调用预置资源中的 WaterFall 粒子瀑布，将其放置在地形山体顶部，使其形成下落的瀑布效果。设置 Inspector 面板中的粒子参数，将 Min 和 Max Size 分别设置为 3 和 8，Min 和 Max Energy 分别设置为 3 和 5，然后调整瀑布的宽度，将 Ellipsoid X 值增大为 8，这样就完成了流动粒子瀑布效果的制作（见图 6-38）。

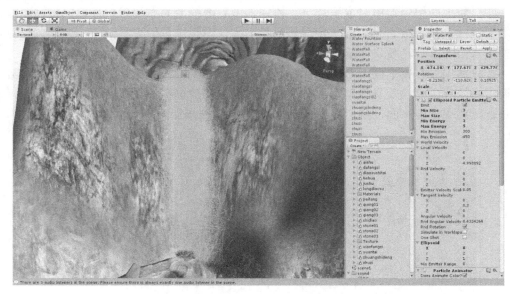

图 6-38　制作粒子瀑布

在瀑布与水面交界处需要放置水波浪花粒子特效，从项目面板中调用预置资源中的 Water Surface Splash，将 Min Size 和 Max Size 分别设置为 5 和 10，Min Energy 和 Max Energy 分别设置为 60 和 100，特效的半径范围可以通过 Tangent Velocity Z 值来设定，这里将其设置为 6（见图 6-39）。

图 6-39　添加水波浪花粒子特效

从项目面板中调用预置资源中的 Water Fountain 粒子喷泉，将粒子发射器放置在喷泉雕塑顶端，在 Inspector 面板中设置粒子参数，将 Min Size 和 Max Size 分别设置为 1 和 2，Min Energy 和 Max Energy 分别设置为 2 和 3，Min Emission 和 Max Emission 分别设置为 200 和 300，Local Velocity Y 值可以设置喷泉的高度，这里将其设置为 15（见图 6-40）。

图 6-40　制作顶部喷泉效果

　　接下来制作立柱下方兽面石刻流出的喷泉效果，这里利用 WaterFall 来模拟喷泉，将 Min Size 和 Max Size 分别设置为 0.5 和 1.5，Min Energy 和 Max Energy 分别设置为 1 和 3，Min Emission 和 Max Emission 分别设置为 100 和 300，Local Velocity Z 值可以设置喷射的距离，将其设置为 3.7，Rnd Velocity 可以设置喷泉下端的发散效果，将 X、Y、Z 都设置为-1（见图 6-41）。

图 6-41　制作底部喷泉效果

最后为整个场景设置雾效。雾效可以使场景具有真实的大气效果，使场景的视觉展现更富层次感，这也是游戏场景中必须要设置的基本特效。点击 Unity 引擎编辑器的 Edit 菜单，选择 RenderSettings 选项，在 Inspector 面板中勾选 Fog 激活雾效；Fog Color 可以设置雾的颜色，通常设置为淡蓝色；Fog Mode 设置为 Linear；Fog Density 密度设置为 0.1；然后将雾的起始距离设置为 50—500，也就是在玩家视线 50 单位以外到 500 单位内的范围产生雾效（见图 6-42）。

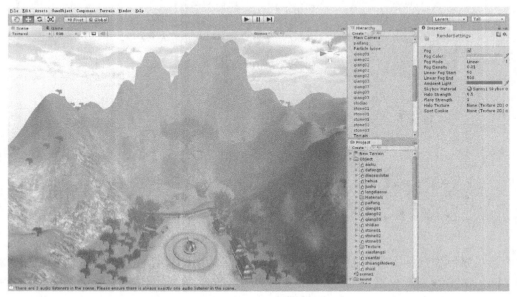

图 6-42　添加场景雾效

在整个游戏场景制作完成后，还需要为场景添加音效和背景音乐，在这个场景中最为突出的音效就是喷泉以及瀑布的水流声。首先，在 Unity 项目文件夹 Assets 目录中创建 Sound 或者 Music 文件夹，可以将音效或者背景音乐的音频文件复制到其中，这样可以在 Unity 引擎编辑器中随时调用这些音频文件。

Unity 的游戏音效是以场景中游戏对象为载体的，通过添加 Audio Source 控制器来实现音效的添加。选中喷泉雕塑周围的圆形石台，通过 Component 组件菜单下的 Audio 选项添加 Audio Source 控制器，在 Audio Clip 中添加喷泉的音效文件，勾选 Play On Awake 和 Loop 选项，这样当玩家角色在场景中靠近石台时就会听到喷泉的水流音效。利用同样的方法，将瀑布的水流音效添加到靠近水塘岸边的荷花植物模型上（见图 6-43）。对于音频所附属的游戏对象的选择并不是唯一的，可以根据场景的需要进行合适的选择。

接下来为整个游戏场景添加背景音乐，首先需要在场景视图中创建第一人称角色控制器，可以从项目面板的预置资源中调取，一个场景内游戏背景音乐通常是唯一的，而且只能通过针对角色控制器来添加。通过 Component 组件菜单下的 Audio 选项为第一人称角色控制器添加 Audio Source 组件，然后将背景音乐的音频文件添加到 Audio Clip 中（见图 6-44）。

图 6-43 添加瀑布音效

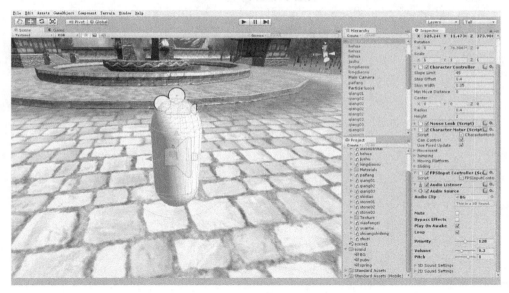

图 6-44 导入第一人称角色控制器并添加背景音乐

以上操作完毕后，点击 Unity 工具栏中的播放按钮启动游戏场景，这样就可以通过角色控制器来查看整个游戏场景了，但这时我们发现游戏场景中并没有音效和背景音乐的播放，虽然我们在场景中设置了音频的输出，但由于没有设置音频的收集模块，所以在实际的游戏运行中不会听到任何声音。解决的方法很简单，只要通过 Component 组件菜单下的 Audio 选项为第一人称角色控制器添加 Audio Listener 组件，当再次运行游戏时就可以完美收听游戏音效和背景音乐了。

最后将制作的游戏场景进行简单的发布输出设置，点击 File 菜单下的 Build Settings 选项，在弹出的面板左下方窗口中选择 PC and Mac 选项，在窗口右侧选择 Windows 模式，然后点击右下角的 Build 按钮，这样整个游戏场景就被输出成了.exe 格式的独立应用程序，运行程序在初始界面可以选择窗口分辨率和画面质量，点击 Play 按钮就可以启动运行游戏了（见图 6-45）。

图 6-45　最终的游戏场景运行效果

网络游戏室内场景模型制作

7.1 游戏室内场景的特点

对于三维游戏项目中场景的制作，除了场景元素模型和建筑模型外，还有另外一个大的分类项目，那就是游戏室内场景的制作。如果把场景道具模型看作三维游戏场景制作的入门内容，那么场景建筑模型就是中级内容，而室内场景的制作就是高级内容，对于一般刚进入游戏制作公司的新人来说，公司也会按照这样的工作内容顺序为其安排任务。

在三维游戏尤其是网络游戏中，对于一般的场景建筑仅仅是需要它的外观去营造场景氛围，通常不会制作出建筑模型的室内部分，但对于一些场景中的重要建筑和特殊建筑有时需要为其制作内部结构，这就是我们所说的室内场景部分。除此以外，游戏室内场景的另一大应用就是游戏地下城和副本。所谓的游戏副本，就是指游戏服务器为玩家所开设的独立游戏场景，只有副本创建者和被邀请的游戏玩家才允许出现在这个独立的游戏场景中，副本中的所有怪物、BOSS、道具等游戏内容不与副本以外的玩家共享。2004年，美国暴雪娱乐公司出品的大型 MMO 网游《魔兽世界》正式确立了游戏副本的定义，同时《魔兽世界》也为日后的 MMO 网游树立了副本化游戏模式的标杆（见图 7-1）。游戏副本的出现解决了大型多人在线游戏中游戏资源分配紧张的问题，所有玩家都可以通过创建游戏副本平等地享受到游戏中内容，使游戏从根本上解除了对玩家人数的限制。

图 7-1 《魔兽世界》中的副本场景

对于地下城和游戏副本场景来说，由于其独立性的特点，在设计和制作时必定有别于一般的游戏场景，地下城或副本场景必须避免游戏地图中的室外共享场景，通常被设定为室内场景，偶尔也会被设定为全封闭的露天场景。所以地下城和游戏副本场景根本就没有外观建筑模型的概念，玩家的整个体验过程都是在封闭的室内场景中完成的，这种全室内场景模型的制作方法也与室外建筑模型有着很大的不同。那么究竟室外建筑和室内场景在制作上有什么区别呢？

我们首先来看制作的对象和内容，室外建筑模型主要是制作整体的建筑外观，它强调建筑模型的整体性，在模型结构上也偏向于以"大结构"为主的外观效果。而室内场景主要是制作和营造建筑的室内模型效果，它更加强调模型的结构性和真实性，不仅要求模型结构制作更加精细，同时对于模型的比例也有更高的要求。

　　然后再来看在实际游戏中两者与玩家的交互关系，室外建筑模型对于游戏中的玩家来说都显得十分高大，在游戏场景的实际运用中也多用于中景和远景，即便玩家站在建筑下面也只能看到建筑下层的部分，建筑的上层结构部分也成为等同于中景或远景的存在关系。正是由于这些原因，建筑模型在制作时无论在模型面数还是在精细程度上都要求以精简为主，以大效果取胜。而对于室内场景来说，在实际游戏环境中玩家始终与场景模型保持十分近的距离关系，场景中所有的模型结构都在玩家的视野距离之内，这要求场景中的模型比例必须要与玩家角色相匹配，同时在贴图的制作上要求结构绘制更加精细、复杂与真实。综上，我们来总结一下室内游戏场景的特点。

　　（1）整体场景多为全封闭结构，将玩家与场景外界阻断隔绝（见图7-2）。

图 7-2　全封闭的游戏场景

　　（2）更加注重模型结构的真实性和细节效果（见图7-3）。

图 7-3　游戏室内场景细节效果

（3）更加强调玩家角色与场景模型的比例关系（见图7-4）。

图7-4　角色与室内场景模型的比例

（4）更加注重场景光影效果的展现（见图7-5）。

图7-5　游戏场景中的光影效果

（5）对于模型面数的限制可以适当放宽（见图7-6）。

图7-6　模型复杂的室内场景

在游戏制作公司中，场景原画设计师对于室外场景和室内场景的设定工作有着较大的区别，室外建筑模型的原画设定往往是一张建筑效果图，清晰和流畅的笔触展现出建筑的整体外观和结构效果。而室内场景的原画设定，除了主房间外通常不会有很具体的整体效果设定，原画师更多会提供给三维美术师室内结构的平面图，还有室内装饰风格的美术概念设定图，除此之外并没有太多的原画参考，这就要求三维场景美术师要根据自身对于建筑结构的理解进行自我发挥和创造，在保持基本美术风格的前提下，利用建筑学的知识对整体模型进行创作，同时参考相关的建筑图片来进一步完善自己的模型作品。

对于三维游戏场景美术师来说，相关的建筑学知识是以后工作中必不可缺的专业技能，不仅如此，游戏美术设计师本身就是一个综合性很强的技术职业，要利用业余时间多学习与游戏美术相关的外延知识，只有这样才能为自己日后游戏美术设计师的成功之路打下坚实的基础。

7.2　游戏室内场景实例制作

三维游戏室内场景的制作通常来说分为三个步骤，首先要搭建室内的场景空间，然后要制作室内场景中的各种建筑结构和细节，最后再对场景内部添加各种场景道具模型以及特效等。图 7-7 为本章实际制作场景的最终完成效果图，整个场景是一个室内房间，四周为墙壁和立柱，一侧有透光的窗户，房顶有复杂的装饰结构，房间四周摆满书架，中间放置着一个较大的装饰模型。

图 7-7　实例制作场景完成效果图

这个场景在实际制作时就可以按照前面所说的三个步骤，首先来制作墙壁、地面和屋顶等基本的空间结构，然后制作立柱、窗户等相对复杂的室内建筑结构，最后在房间内部制作添加书架等场景道具模型。下面开始实际场景的制作。

7.2.1　室内场景空间结构的搭建

首先，在 3ds Max 视图中创建长方形 BOX 模型，在堆栈命令列表中为其添加 Normal

修改器，让整个 BOX 法线反转，这样就形成了室内的墙壁结构（见图 7-8）。将 BOX 塌陷为可编辑的多边形，进入多边形面层级，选中模型底面，通过 Inset 命令收缩模型面（见图 7-9）。然后继续利用 Extrude 命令将模型面向下挤出，制作出地面四周的平台结构（见图 7-10）。

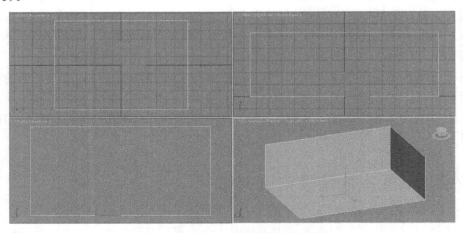

图 7-8　创建 BOX 模型并反转法线

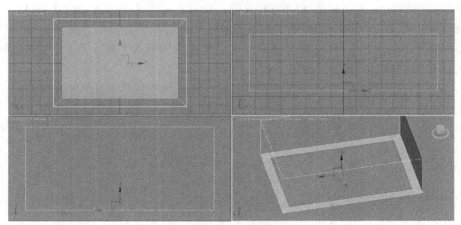

图 7-9　收缩模型面

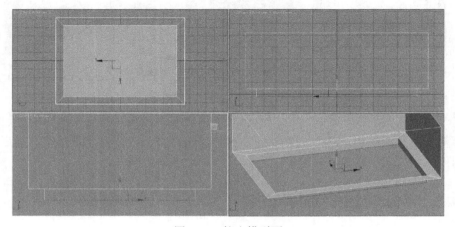

图 7-10　挤出模型面

接下来进入多边形边层级，选中墙壁四周纵向的模型边线，通过 Connect 命令添加两条分段边线，并调整边线的位置（见图 7-11）。然后通过 Extrude 命令挤出模型面，这里要选择 Local Normal 模式进行挤出，制作出墙壁上方的建筑结构（见图 7-12）。

图 7-11　添加分段边线

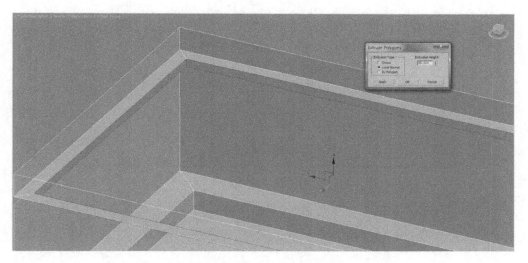

图 7-12　向内挤出建筑结构

选中较长一段墙壁所有横向的模型边线，通过 Connect 命令增加 4 条分段边线，增加分段是为了使后期贴图更便于调整（见图 7-13）。

进入多边形点层级，选中新加分段一条边线上的所有顶点，利用点层级下的 Make Planar 命令进行对齐，让顶点都沿直线排列（见图 7-14）。接下来开始制作屋顶的基本结构，为了便于操作，我们可以选中 BOX 顶部模型面，利用 Detach 命令将其分离。然后通过 Inset 命令将模型面向内收缩，利用 Extrude 命令向上挤出（见图 7-15）。通过 Inset 和 Extrude 命令继续向上制作房顶内部的模型结构（见图 7-16），这样整个室内房间的基本空间结构就制作完成了，效果如图 7-17 所示。

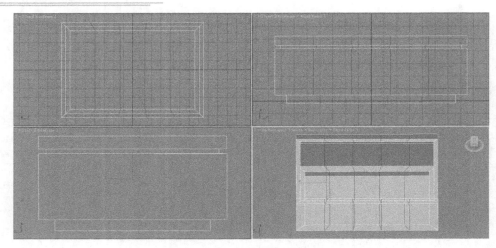

图 7-13　增加分段边线

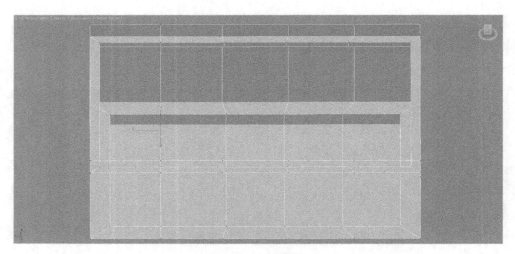

图 7-14　对齐顶点

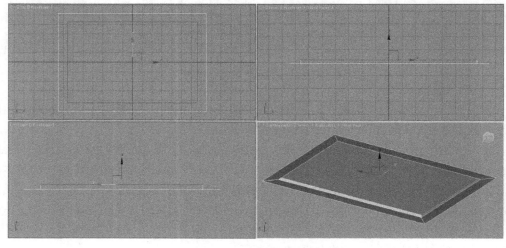

图 7-15　编辑屋顶结构

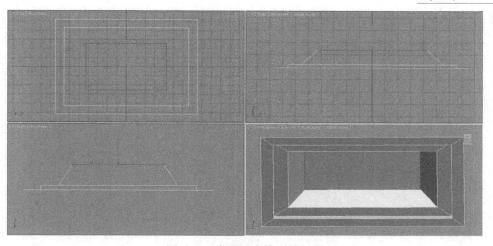

图 7-16　完成屋顶模型的制作

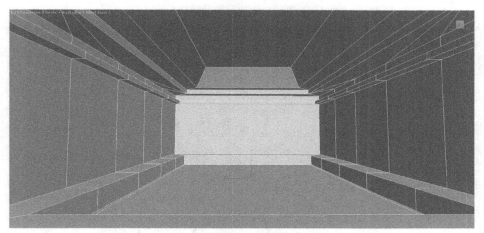

图 7-17　制作完成的室内空间结构

7.2.2　室内建筑结构的制作

室内场景房间基本空间结构制作完成后我们开始进一步制作室内的细节结构，主要包括立柱、门窗和地面装饰等。立柱分为两种，一种是房间四角的大型立柱，另一种是四周墙壁上的立柱，在实际制作中，相同结构样式的模型可以复制使用以提高工作效率，节省制作时间。

首先制作四角的大立柱，在 3ds Max 视图中创建八边形圆柱体模型，将其放置在房间一角（见图 7-18）。将圆柱体塌陷为可编辑的多边形，进入多边形面层级，选中圆柱底面利用 Bevel 命令制作出立柱下方的柱墩结构（见图 7-19）。

立柱制作完成后我们发现模型有一部分已经嵌入进了墙体内部，在实际游戏中这部分模型面是完全不可见的，所以可以将其删除，节省场景的模型面数。接下来制作立柱上方的装饰结构模型，利用 BOX 模型编辑制作最上方的装饰结构，如图 7-20 所示。然后同样利用 BOX 编辑制作下面的装饰结构，如图 7-21 和图 7-22 所示。在立柱上方制作添加斗拱结构，增加模型的细节和丰富度，斗拱模型的制作方法在前面章节中已经讲过，这里就不再过多涉及了（见图 7-23）。

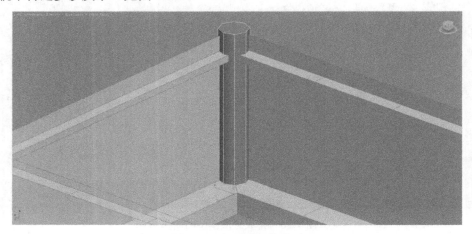

图 7-18　创建圆柱体模型

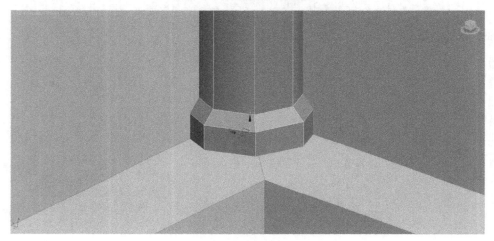

图 7-19　制作柱墩结构

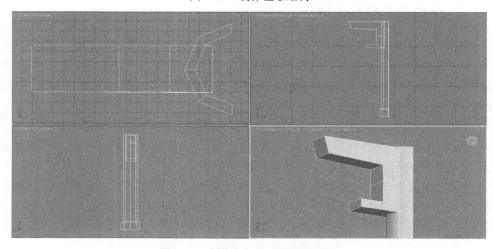

图 7-20　制作立柱上方的装饰结构

图 7-21　制作立柱装饰结构

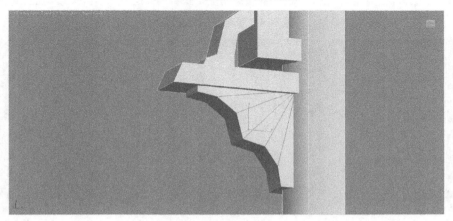

图 7-22　制作下方装饰结构

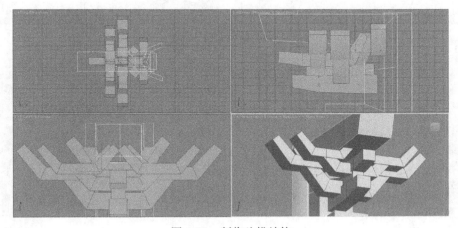

图 7-23　制作斗拱结构

　　将制作完成的所有立柱结构全部 Attach 到一起，然后将模型的轴心点与房间中心进行对齐，接下来就可以利用镜像复制命令快速完成其他三个立柱模型的制作，最后效果如图 7-24 所示。然后开始制作小型的立柱模型，柱体部分也是由圆柱体模型编辑而成，两侧的装饰结构可以直接复制大立柱上的装饰结构（见图 7-25）。将制作完成的立柱进行复制，均匀布置在四周墙壁上，效果如图 7-26 和图 7-27 所示。

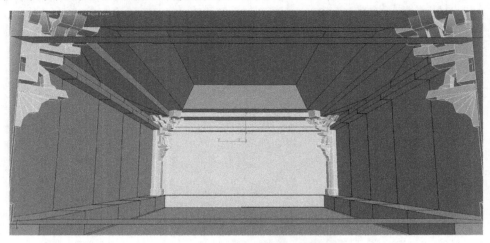

图 7-24　镜像复制立柱模型

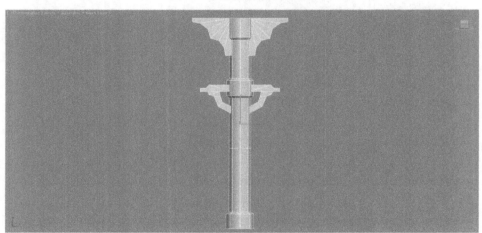

图 7-25　制作小型立柱模型

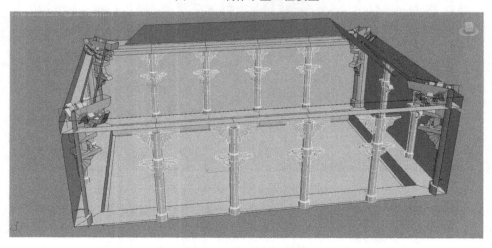

图 7-26　复制立柱模型

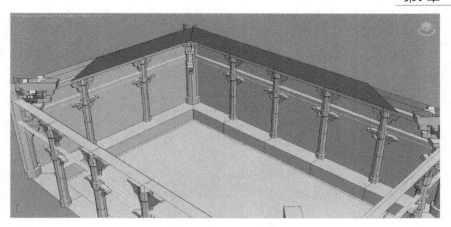

图 7-27　立柱布置完成后的效果

接下来制作房间一侧的窗户模型，窗户由三部分构成：两侧的立柱、中间的装饰结构以及面片部分。首先制作一侧的立柱以及上方的装饰结构（见图 7-28），然后通过对称镜像复制完成另一侧模型（见图 7-29）。最后创建面片模型并穿插放置在立柱之间，如图 7-30 所示。

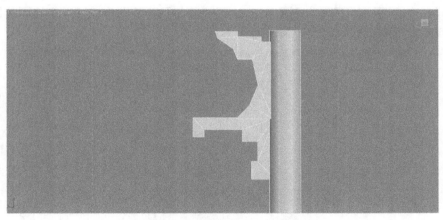

图 7-28　制作立柱和装饰模型

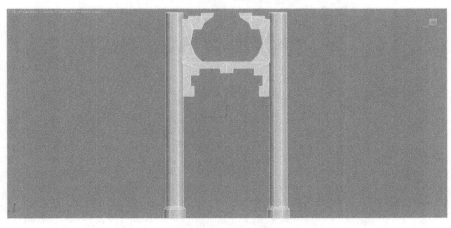

图 7-29　镜像复制模型

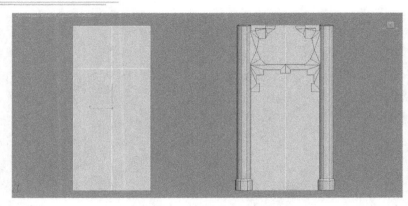

图 7-30　制作添加面片模型

　　将制作完成的窗户模型复制放置在墙壁立柱之间（见图 7-31）。接下来制作地面中间的装饰模型，由于房间面积较大会显得地面部分过于单一，而后期地面通常会添加四方连续贴图，制作装饰结构也可以打破贴图的重复性，增加场景的丰富度。在 3ds Max 视图中创建 Tube 模型，将模型的高度设置得小一些，这样就形成了圆环状的石板模型结构，可以根据模型在场景中面积的大小适当增加圆面的分段数（见图 7-32）。然后在原环中间创建相同高度的圆柱体模型（见图 7-33），圆柱体与圆环共同构成了一个地面装饰图案，后期配合贴图形成很好的装饰效果（见图 7-34）。

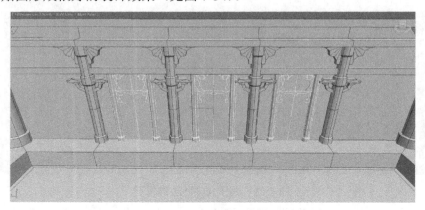

图 7-31　复制窗户模型

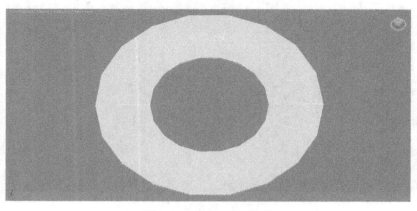

图 7-32　创建 Tube 模型

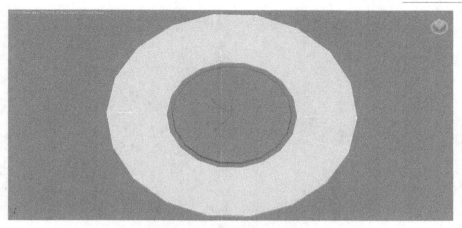

图 7-33　创建圆柱体模型

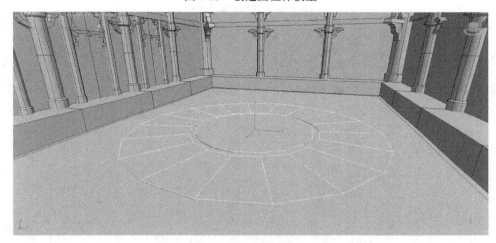

图 7-34　地面装饰效果

最后，在房间一侧制作门和楼梯模型结构（见图 7-35 和图 7-36），这样整个室内场景结构就全部制作完成了，效果如图 7-37 所示。

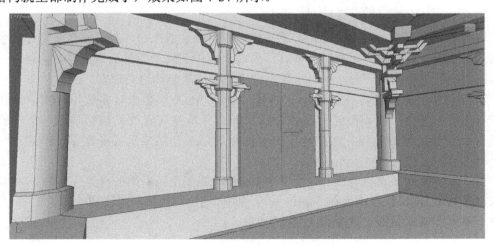

图 7-35　制作房间门结构

图 7-36　制作楼梯台阶

图 7-37　完成后的室内场景

7.2.3　场景道具模型的制作

室内场景模型基本制作完成后，下一步需要对场景增加细节，因此需要制作大量的场景道具模型对场景进行填充和布置。这里需要制作的场景道具模型主要有两种，一是分布在四周的书架模型，另一种是房间地面正中的场景装饰道具模型。

首先制作书架模型，在 3ds Max 视图中通过 BOX 模型进行多边形编辑，制作出图 7-38 中的形态。将模型进行镜像对称复制，并焊接交界处的模型顶点，这样就完成了书架一层模型的制作，这样制作的好处是后期绘制贴图只需要制作一半即可（见图 7-39）。

接下来将制作完成的一层书架连续向下复制，完成整座书架的框架（见图 7-40）。在书架背面利用 BOX 模型编辑制作装饰结构，同样利用镜像复制来完成（见图 7-41），然后在书架下方编辑制作支撑结构（见图 7-42）。

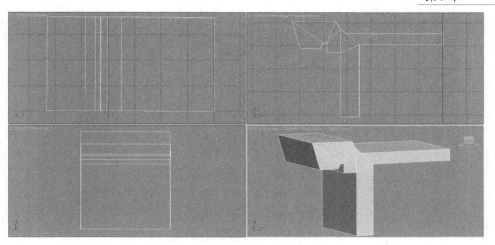

图 7-38 编辑 BOX 模型

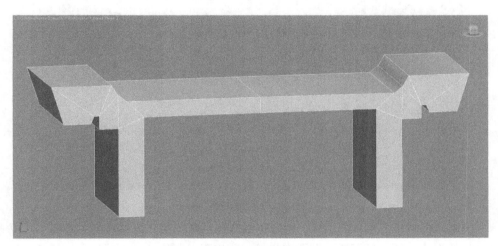

图 7-39 镜像复制模型

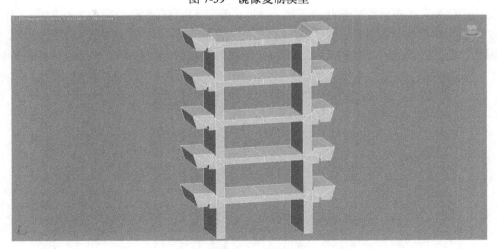

图 7-40 复制模型

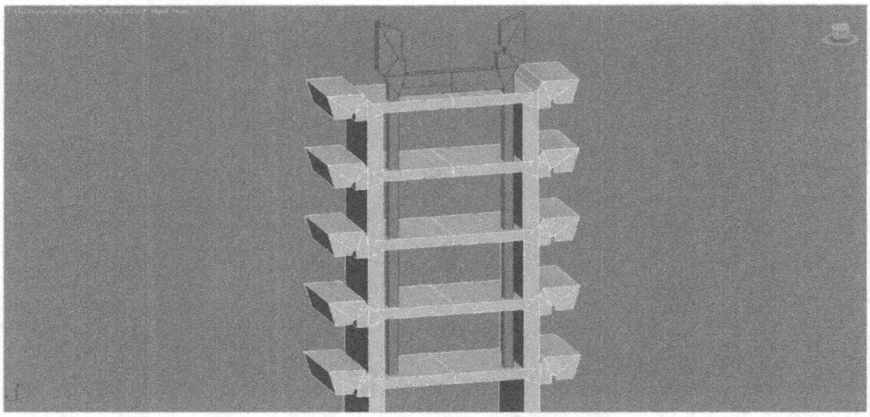

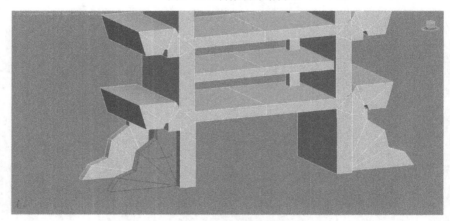

图 7-41　制作装饰结构

图 7-42　制作支撑结构

　　书架基本框架模型制作完成后，需要再来制作书架上每一层摆放的书卷模型。书卷主要以堆放的形式出现，后期通过贴图来表现，我们可以制作几种不同形态的模型，然后通过复制摆放来实现多样性的变化（见图 7-43）。图 7-44 为书架模型完成后的效果，因为书架要在场景中大量复制使用，为了避免重复性，在复制后可以对不同书架上的书卷模型进行调整，使其各自具有不同的变化，这也是游戏场景模型制作中常用的技巧（见图 7-45）。

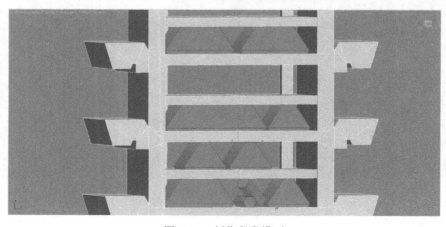

图 7-43　制作书卷模型

图 7-44　书架模型制作完成的效果

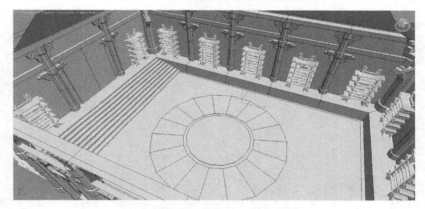

图 7-45　将书架模型复制摆放在场景中

最后在书架模型前面可以制作一些木梯模型，以增加场景的细节和丰富度（见图 7-46）。

图 7-46　制作木梯模型

接下来开始制作房间中央的装饰模型。首先在 3ds Max 视图中创建一个 Tube 模型，如图 7-47 所示。然后利用 BOX 模型在圆环一侧编辑制作一个支撑结构（见图 7-48），将支撑结构的轴心与 Tube 中心对齐，利用旋转复制完成其他三面模型的制作（见图 7-49）。将 Tube 模型复制一份，将其放大并放置在支撑结构的上方（见图 7-50）。

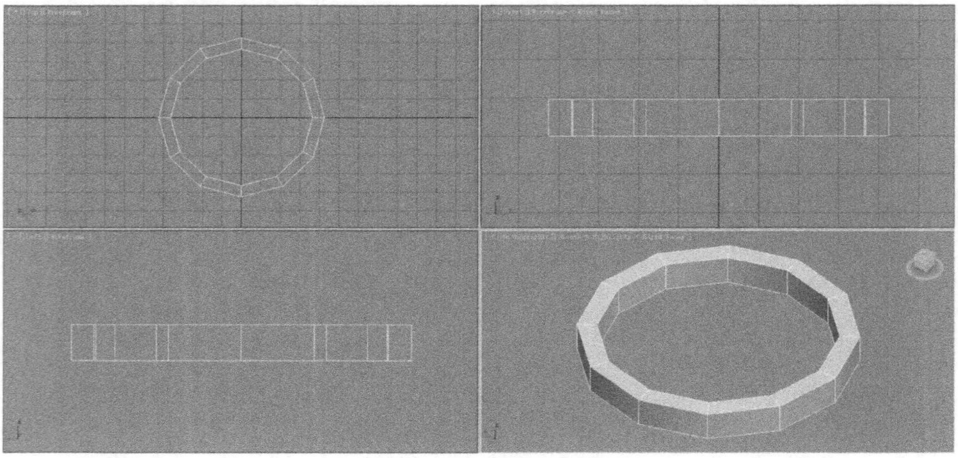

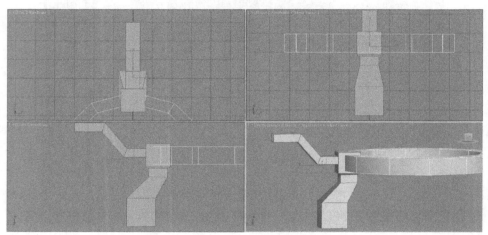

图 7-47　创建 Tube 模型

图 7-48　制作支撑结构

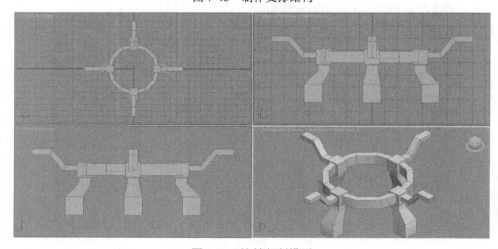

图 7-49　旋转复制模型

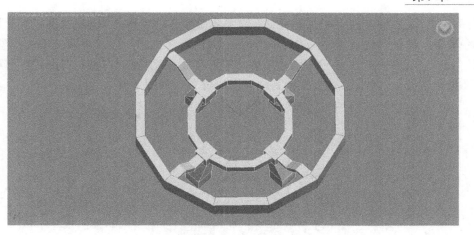

图 7-50　复制 Tube 模型

接下来制作下方的底座模型，在 3ds Max 视图中创建圆柱体模型，通过挤出、倒角和 Inset 等命令编辑多边形，制作出图 7-51 中的形态。利用 BOX 模型编辑制作底座四周的装饰结构（见图 7-52）。

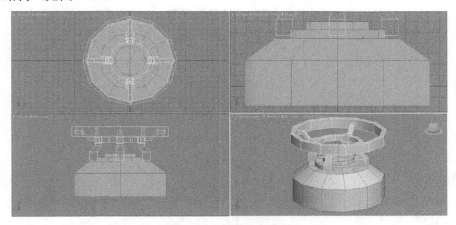

图 7-51　制作底座模型

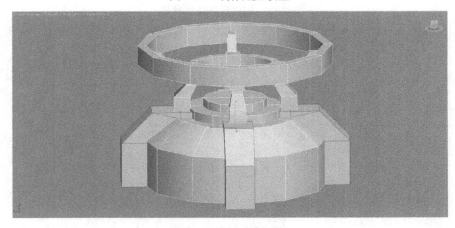

图 7-52　制作装饰结构

下面制作整个模型上方最复杂的装饰结构。首先在视图中创建圆环状的 Tube 模型

（见图 7-53）。以 Z 轴为轴心在 XY 平面上对圆环模型进行旋转复制，随机复制几个圆环，然后将其中一个圆环向内缩小，在不同维度上随机旋转复制，形成复杂交错的模型结构（见图 7-54）。之后在模型正中心创建球体模型并与底座结构进行拼接，完成整个模型的制作（见图 7-55）。最后将模型放置到地面中心位置，如图 7-56 所示。

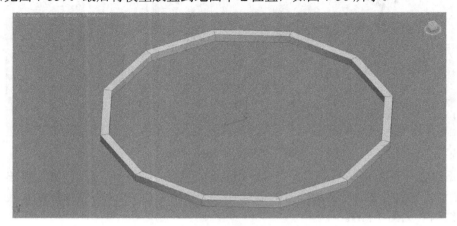

图 7-53　创建 Tube 模型

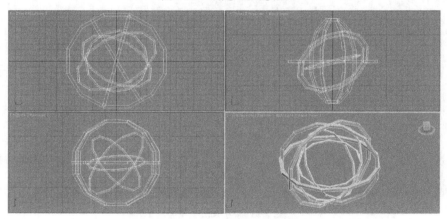

图 7-54　制作圆环装饰结构

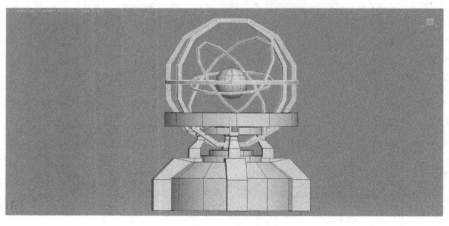

图 7-55　添加球形模型

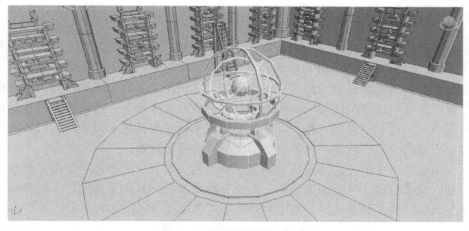

图 7-56　将模型放置到房间内

最后在房间门口位置制作添加香炉模型（见图 7-57），这样整个室内场景房间模型部分就全部制作完成了，最终效果如图 7-58 所示。

图 7-57　制作添加香炉模型

图 7-58　室内场景模型完成效果

7.2.4 场景贴图的处理

室内场景模型制作完成后，下面要进行 UV 分展以及贴图的工作。其实对于游戏室内场景来说，模型 UV 的分展与建筑模型并没有太大区别，然而在贴图的制作上还是存在一些差异。游戏场景建筑通常规模体积较大，在贴图的绘制上以大结构为主，特别是距离玩家视角较远的建筑区域，其贴图绘制并不需要太多细节。而游戏室内场景通常在封闭空间中，其建筑规模相对较小，室内的建筑结构多距离玩家较近，所以其贴图通常要求具备更多的细节和精度，这样才能实现良好的视觉效果。

对于本章实例中的室内场景其贴图主要分为两大部分。一类是用于空间建筑结构的模型贴图，比如墙体、地面和屋顶等，这部分贴图多以循环贴图为主，一般像墙壁和屋顶四周的装饰结构主要是运用二方连续贴图（见图 7-59 和图 7-60）。

图 7-59 场景墙体的贴图方式

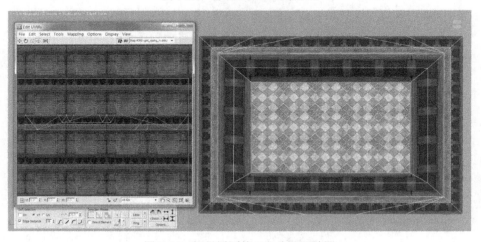

图 7-60 场景屋顶的 UV 分展及贴图

地面和天花板则利用四方连续贴图，要根据实际场景的规模来调整 UV 网格的比例，同时地面四周通常会通过布线和贴图来制作包边结构（见图 7-61）。对于循环贴图的 UV 分展方式与场景建筑模型基本相同，这里不再做过多讲解。

图 7-61　地面包边结构

　　除此以外，室内场景中的其他建筑结构以及场景装饰道具模型的贴图主要是通过分展 UV，然后再进行对应的贴图绘制。由于室内场景中存在大量的建筑装饰结构，不同的结构之间存在独立性和多样性，这种情况一般无法通过循环贴图来实现，所以必须要通过独立专属贴图来实现整体效果，比如地面中间的圆形图案装饰以及立柱模型等（见图 7-62 和图 7-63）。

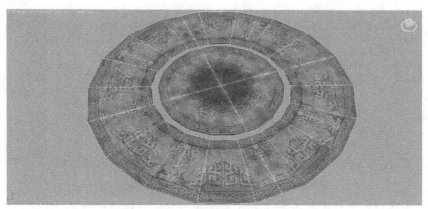

图 7-62　地面装饰图案贴图

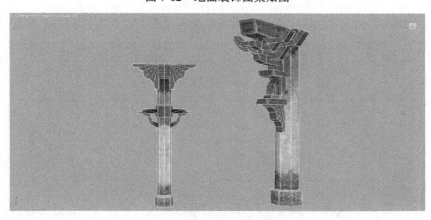

图 7-63　立柱模型贴图

另外，场景中包含大量的场景道具模型，例如书架以及房间中心的装饰模型等，这些模型贴图都需要对其每一部分 UV 进行单独拆分然后再进行贴图绘制（见图 7-64 和图 7-65）。

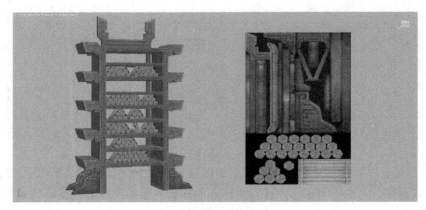

图 7-64　书架模型及贴图

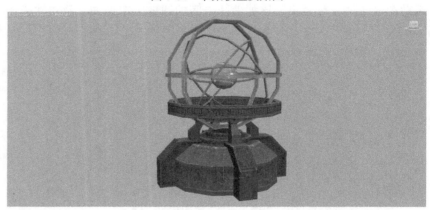

图 7-65　场景装饰道具模型贴图效果

最后，可以利用面片模型以及 Alpha 贴图来模拟制作体积光效果，来烘托场景的整体氛围。利用 Plane 模型编辑制作成波浪状，然后添加体积光 Alpha 贴图，调整并将其放置在窗口位置，如图 7-66 所示。图 7-67 为室内场景全部贴图完成后在 3ds Max 视图中的效果。

图 7-66　添加体积光效果

图 7-67　室内场景在视图中的最终完成效果

附录

3ds Max 中英文命令对照

File〈文件〉	
New〈新建〉	Replace〈替换〉
Reset〈重置〉	Import〈输入〉
Open〈打开〉	Export〈输出〉
Save〈保存〉	Export Selected〈选择输出〉
Save As〈保存为〉	Archive〈存档〉
Save Selected〈保存选择〉	Summary Info〈摘要信息〉
XRef Objects〈外部引用物体〉	File Properties〈文件属性〉
XRef Scenes〈外部引用场景〉	View Image File〈显示图像文件〉
Merge〈合并〉	History〈历史〉
Merge Animation〈合并动画动作〉	Exit〈退出〉

Edit〈菜单〉	
Undo or Redo〈取消/重做〉	Rectangular Region〈矩形选择〉
Hold and Fetch〈保留/引用〉	Circular Region〈圆形选择〉
Delete〈删除〉	Fabce Region〈连点选择〉
Clone〈克隆〉	Lasso Region〈套索选择〉
Select All〈全部选择〉	Region:〈区域选择〉
Select None〈空出选择〉	Window〈包含〉
Select Invert〈反向选择〉	Crossing〈相交〉
Select By〈参考选择〉	Named Selection Sets〈命名选择集〉
Color〈颜色选择〉	Object Properties〈物体属性〉
Name〈名字选择〉	

Tools〈工具〉	
Transform Type-In〈键盘输入变换〉	Spacing Tool〈间距分布工具〉
Display Floater〈视窗显示浮动对话框〉	Normal Align〈法线对齐〉
Selection Floater〈选择器浮动对话框〉	Align Camera〈相机对齐〉
Light Lister〈灯光列表〉	Align to View〈视窗对齐〉
Mirror〈镜像物体〉	Place Highlight〈放置高光〉
Array〈阵列〉	Isolate Selection〈隔离选择〉
Align〈对齐〉	Rename Objects〈物体更名〉
Snapshot〈快照〉	

Group〈群组〉	
Group〈群组〉	Attach〈配属〉
Ungroup〈撤销群组〉	Detach〈分离〉

Group〈群组〉	
Open〈开放组〉	Explode〈分散组〉
Close〈关闭组〉	

Views〈查看〉	
Undo View Change/Redo View Change〈取消/重做视窗变化〉	Show Ghosting〈显示重像〉
Save Active View/Restore Active View〈保存/还原当前视窗〉	Show Key Times〈显示时间键〉
Viewport Configuration〈视窗配置〉	Shade Selected〈选择亮显〉
Grids〈栅格〉	Show Dependencies〈显示关联物体〉
Show Home Grid〈显示栅格命令〉	Match Camera to View〈相机与视窗匹配〉
Activate Home Grid〈活跃原始栅格命令〉	Add Default Lights To Scene〈增加场景缺省灯光〉
Activate Grid Object〈活跃栅格物体命令〉	Redraw All Views〈重画所有视窗〉
Activate Grid to View〈栅格及视窗对齐命令〉	Activate All Maps〈显示所有贴图〉
Viewport Background〈视窗背景〉	Deactivate All Maps〈关闭显示所有贴图〉
Update Background Image〈更新背景〉	Update During Spinner Drag〈微调时实时显示〉
Reset Background Transform〈重置背景变换〉	Adaptive Degradation Toggle〈绑定适应消隐〉
Show Transform Gizmo〈显示变换坐系〉	Expert Mode〈专家模式〉

Create〈创建〉	
Standard Primitives〈标准图元〉	Ellipse〈椭圆〉
Box〈立方体〉	Helix〈螺旋线〉
Cone〈圆锥体〉	NGon〈多边形〉
Sphere〈球体〉	Rectangle〈矩形〉
GeoSphere〈三角面片球体〉	Section〈截面〉
Cylinder〈圆柱体〉	Star〈星形〉
Tube〈管状体〉	Lights〈灯光〉
Torus〈圆环体〉	Target Spotlight〈目标聚光灯〉
Pyramid〈角锥体〉	Free Spotlight〈自由聚光灯〉
Plane〈平面〉	Target Directional Light〈目标平行光〉
Teapot〈茶壶〉	Directional Light〈平行光〉
Extended Primitives〈扩展图元〉	Omni Light〈泛光灯〉
Hedra〈多面体〉	Skylight〈天光〉
Torus Knot〈环面纽结体〉	Target Point Light〈目标指向点光源〉
Chamfer Box〈斜切立方体〉	Free Point Light〈自由点光源〉
Chamfer Cylinder〈斜切圆柱体〉	Target Area Light〈指向面光源〉
Oil Tank〈桶状体〉	IES Sky〈IES 天光〉
Capsule〈角囊体〉	IES Sun〈IES 阳光〉
Spindle〈纺锤体〉	Sunlight System and Daylight
L-Extrusion〈L 形体按钮〉	〈太阳光及日光系统〉
Gengon〈导角棱柱〉	Camera〈相机〉
C-Extrusion〈C 形体按钮〉	Free Camera〈自由相机〉
RingWave〈环状波〉	Target Camera〈目标相机〉
Hose〈软管体〉	Particles〈粒子系统〉
Prism〈三棱柱〉	Blizzard〈暴风雪系统〉
Shapes〈形状〉	PArray〈粒子阵列系统〉
Line〈线条〉	PCloud〈粒子云系统〉
Text〈文字〉	Snow〈雪花系统〉
Arc〈弧〉	Spray〈喷溅系统〉
Circle〈圆〉	Super Spray〈超级喷射系统〉
Donut〈圆环〉	

Modifiers〈修改器〉	
Selection Modifiers〈选择修改器〉	UVW Map〈UVW 贴图编辑器〉
Mesh Select〈网格选择修改器〉	UVW Xform〈UVW 贴图参考变换编辑器〉
Poly Select〈多边形选择修改器〉	Unwrap UVW〈展开贴图编辑器〉
Patch Select〈面片选择修改器〉	Camera Map〈相机贴图编辑器〉
Spline Select〈样条选择修改器〉	Camera Map〈环境相机贴图编辑器〉
Volume Select〈体积选择修改器〉	Cache Tools〈捕捉工具〉
FFD Select〈自由变形选择修改器〉	Point Cache〈点捕捉编辑器〉
NURBS Surface Select	Subdivision Surfaces〈表面细分〉
〈NURBS 表面选择修改器〉	MeshSmooth〈表面平滑编辑器〉
Patch/Spline Editing〈面片/样条线修改器〉	HSDS Modifier〈分级细分编辑器〉
Edit Patch〈面片修改器〉	Free Form Deformers〈自由变形工具〉
Edit Spline〈样条线修改器〉	FFD 2×2×2/FFD 3×3×3/FFD 4×4×4
Cross Section〈截面相交修改器〉	〈自由变形工具 2×2×2/3×3×3/4×4×4〉
Surface〈表面生成修改器〉	FFD Box/FFD Cylinder
Delete Patch〈删除面片修改器〉	〈盒体和圆柱体自由变形工具〉
Delete Spline〈删除样条线修改器〉	Parametric Deformers〈参数变形工具〉
Lathe〈车床修改器〉	Bend〈弯曲〉
Normalize Spline〈规格化样条线修改器〉	Taper〈锥形化〉
Fillet/Chamfer〈圆切及斜切修改器〉	Twist〈扭曲〉
Trim/Extend〈修剪及延伸修改器〉	Noise〈噪声〉
Mesh Editing〈表面编辑〉	Stretch〈缩放〉
Cap Holes〈顶端洞口编辑器〉	Squeeze〈压榨〉
Delete Mesh〈编辑网格物体编辑器〉	Push〈推挤〉
Edit Normals〈编辑法线编辑器〉	Relax〈松弛〉
Extrude〈挤压编辑器〉	Ripple〈波纹〉
Face Extrude〈面拉伸编辑器〉	Wave〈波浪〉
Normal〈法线编辑器〉	Skew〈倾斜〉
Optimize〈优化编辑器〉	Slice〈切片〉
Smooth〈平滑编辑器〉	Spherify〈球形扭曲〉
STL Check〈STL 检查编辑器〉	Affect Region〈面域影响〉
Symmetry〈对称编辑器〉	Lattice〈栅格〉
Tessellate〈镶嵌编辑器〉	Mirror〈镜像〉
Vertex Paint〈顶点着色编辑器〉	Displace〈置换〉
Vertex Weld〈顶点焊接编辑器〉	XForm〈参考变换〉
Animation Modifiers〈动画编辑器〉	Preserve〈保持〉
Skin〈皮肤编辑器〉	Surface〈表面编辑〉
Morpher〈变体编辑器〉	Material〈材质变换〉
Flex〈伸缩编辑器〉	Material By Element〈元素材质变换〉
Melt〈熔化编辑器〉	Disp Approx〈近似表面替换〉
Linked XForm〈连结参考变换编辑器〉	NURBS Editing〈NURBS 面编辑〉
Patch Deform〈面片变形编辑器〉	NURBS Surface Select〈NURBS 表面选择〉
Path Deform〈路径变形编辑器〉	Disp Approx〈近似表面替换〉
Surf Deform〈表面变形编辑器〉	Radiosity Modifiers〈光能传递修改器〉
Surf Deform〈空间变形编辑器〉	Subdivide〈细分〉
UV Coordinates〈贴图轴坐标系〉	Subdivide〈超级细分〉

续表

Character〈角色人物〉	
Create Character〈创建角色〉	Bone Tools〈骨骼工具〉
Destroy Character〈删除角色〉	Set Skin Pose〈调整皮肤姿势〉
Lock/Unlock〈锁住与解锁〉	Assume Skin Pose〈还原姿势〉
Insert Character〈插入角色〉	Skin Pose Mode〈表面姿势模式〉
Save Character〈保存角色〉	

Animation〈动画〉	
IK Solvers〈反向动力学〉	Bezier〈贝塞尔曲线控制器〉
HI Solver〈非历史性控制器〉	Expression〈表达式控制器〉
HD Solver〈历史性控制器〉	Linear〈线性控制器〉
IK Limb Solver〈反向动力学肢体控制器〉	Motion Capture〈动作捕捉〉
SplineIK Solver〈样条反向动力控制器〉	Noise〈噪波控制器〉
Constraints〈约束〉	Quatermion(TCB)〈TCB 控制器〉
Attachment Constraint〈附件约束〉	Reactor〈反应器〉
Surface Constraint〈表面约束〉	Spring〈弹力控制器〉
Path Constraint〈路径约束〉	Script〈脚本控制器〉
Link Constraint〈连结约束〉	XYZ〈XYZ 位置控制器〉
LookAt Constraint〈视觉跟随约束〉	Rotation Controllers〈旋转控制器〉
Orientation Constraint〈方位约束〉	Scale Controllers〈比例缩放控制器〉
Transform Constraint〈变换控制〉	Add Custom Attribute〈加入用户属性〉
Link Constraint〈连接约束〉	Wire Parameters〈参数绑定〉
Position/Rotation/Scale〈PRS 控制器〉	Parameter Wiring Dialog〈参数绑定对话框〉
Transform Script〈变换控制脚本〉	Make Preview〈创建预视〉
Position Controllers〈位置控制器〉	View Preview〈观看预视〉
Audio〈音频控制器〉	Rename Preview〈重命名预视〉

Graph Editors〈图表编辑器〉	
Track View-Curve Editor〈轨迹曲线编辑器〉	Saved Track View〈已存轨迹窗〉
Track View-Dope Sheet〈轨迹图表编辑器〉	New Schematic View〈新建示意观察窗〉
NEW Track View〈新建轨迹窗〉	Delete Schematic View〈删除示意观察窗〉
Delete Track View〈删除轨迹窗〉	Saved Schematic View〈显示示意观察窗〉

MAXScript〈MAX 脚本〉	
New Script〈新建脚本〉	Macro Recorder〈宏记录器〉
Open Script〈打开脚本〉	Visual MAXScript Editer
Run Script〈运行脚本〉	〈可视化 MAX 脚本编辑器〉
MAXScript Listener〈MAX 脚本注释器〉	

Customize〈用户自定义〉	
Customize〈定制用户界面〉	Tab Panel〈标签面板〉
Load Custom UI Scheme〈加载自定义界面〉	Track Bar〈轨迹条〉
Save Custom UI Scheme〈保存自定义界面〉	Lock UI Layout〈锁定用户界面〉
Revert to Startup Layout〈恢复初始界面〉	Configure Paths〈设置路径〉
Show UI〈显示用户界面〉	Units Setup〈单位设置〉
Command Panel〈命令面板〉	Grid and Snap Settings〈栅格和捕捉设置〉
Toolbars Panel〈浮动工具条〉	Viewport Configuration〈视窗配置〉
Main Toolbar〈主工具条〉	Plug-in Manager〈插件管理〉
	Preferences〈参数选择〉

续表

Rendering〈渲染〉	
Render〈渲染〉	Activeshade Viewport〈活动渲染视窗〉
Environment〈环境〉	Material Editor〈材质编辑器〉
Effects〈效果〉	Material/Map Browser〈材质/贴图浏览器〉
Advanced Lighting〈高级光照〉	Video Post〈视频后期制作〉
Render To Texture〈贴图渲染〉	Show Last Rendering〈显示最后渲染图片〉
Raytracer Settings〈光线追踪设置〉	RAM Player〈RAM 播放器〉
Raytrace Global Include/Exclude〈光线追踪选择〉	
Activeshade Floater〈活动渲染窗口〉	

3ds Max 常用快捷键列表

"F1"	帮助
"F2"	加亮所选物体的面（开关）
"F3"	线框显示（开关）/光滑加亮
"F4"	在透视图中线框显示（开关）
"F5"	约束到 X 轴
"F6"	约束到 Y 轴
"F7"	约束到 Z 轴
"F8"	约束到 XY/YZ/ZX 平面（切换）
"F9"	用前一次的配置进行渲染（渲染先前渲染过的那个视图）
"F10"	打开渲染菜单
"F11"	打开脚本编辑器
"F12"	打开移动/旋转/缩放等精确数据输入对话框
"、"	刷新所有视图
"1"	进入物体层级 1 层
"2"	进入物体层级 2 层
"3"	进入物体层级 3 层
"4"	进入物体层级 4 层
"Shift + 4"	进入有指向性灯光视图
"5"	进入物体层级 5 层
"Alt + 6"	显示/隐藏主工具栏
"7"	计算选择的多边形的面数（开关）
"8"	打开环境效果编辑框
"9"	打开高级灯光效果编辑框
"0"	打开渲染纹理对话框
"Alt + 0"	锁住用户定义的工具栏界面
"–"（主键盘）	减小坐标显示
"+"（主键盘）	增大坐标显示
"["	以鼠标点为中心放大视图
"]"	以鼠标点为中心缩小视图
" ""	打开自定义（动画）关键帧模式

"\"	声音
","	跳到前一帧
"。"	跳到前一帧
"/"	播放/停止动画
"SPACE"	锁定/解锁选择的对象
"INSERT"	切换多边形模型的层级（同 1、2、3、4、5 键）
"HOME"	跳到时间线的第一帧
"END"	跳到时间线的最后一帧
"PAGE UP"	选择当前子物体的父物体
"PAGE DOWN"	选择当前父物体的子物体
"Ctrl + PAGE DOWN"	选择当前父物体以下所有的子物体
"A"	旋转角度捕捉开关（默认为 5 度）
"Ctrl + A"	选择所有物体
"Alt + A"	使用对齐（Align）工具
"B"	切换到底视图
"Ctrl + B"	子物体选择（开关）
"Alt + B"	视图背景选项
"Alt + Ctrl + B"	背景图片锁定（开关）
"Shift + Alt + Ctrl + B"	更新背景图片
"C"	切换到摄像机视图
"Shift + C"	显示/隐藏摄像机物体（Cameras）
"Ctrl + C"	使摄像机视图对齐到透视图
"Alt + C"	在 Poly 物体的 Polygon 层级中进行面剪切
"D"	冻结当前视图（不刷新视图）
"Ctrl + D"	取消所有的选择
"E"	旋转模式
"Ctrl + E"	切换缩放模式（切换等比、不等比、等体积）同 R 键
"Alt + E"	挤压 Poly 物体的面
"F"	切换到前视图
"Ctrl + F"	显示渲染安全方框
"Alt + F"	切换选择的模式（矩形、圆形、多边形、自定义）
"Ctrl + Alt + F"	调入缓存中所存场景（Fetch）
"G"	隐藏当前视图的辅助网格
"Shift + G"	显示/隐藏所有几何体（Geometry）
"H"	显示选择物体列表菜单
"Shift + H"	显示/隐藏辅助物体（Helpers）
"Ctrl + H"	使用灯光对齐（Place Highlight）工具

"Ctrl + Alt + H"	把当前场景存入缓存中（Hold）
"I"	平移视图到鼠标中心点
"Shift + I"	间隔放置物体
"Ctrl + I"	反向选择
"J"	显示/隐藏所选物体的虚拟框（在透视图、摄像机视图中）
"K"	打关键帧
"L"	切换到左视图
"Shift + L"	显示/隐藏所有灯光（Lights）
"Ctrl + L"	在当前视图使用默认灯光（开关）
"M"	打开材质编辑器
"Ctrl + M"	光滑 Poly 物体
"N"	打开自动（动画）关键帧模式
"Ctrl + N"	新建文件
"Alt + N"	使用法线对齐（Place Highlight）工具
"O"	降级显示（移动时使用线框方式）
"Ctrl + O"	打开文件
"P"	切换到等大的透视图（Perspective）视图
"Shift +P"	隐藏/显示离子（Particle Systems）物体
"Ctrl + P"	平移当前视图
"Alt + P"	在 Border 层级下使选择的 Poly 物体封顶
"Shift + Ctrl + P"	百分比（Percent Snap）捕捉（开关）
"Q"	选择模式（切换矩形、圆形、多边形、自定义）
"Shift + Q"	快速渲染
"Alt + Q"	隔离选择的物体
"R"	缩放模式（切换等比、不等比、等体积）
"Ctrl + R"	旋转当前视图
"S"	捕捉网格（方式需自定义）
"Shift + S"	隐藏线段
"Ctrl + S"	保存文件
"Alt + S"	捕捉周期
"T"	切换到顶视图
"U"	改变到等大的用户（User）视图
"Ctrl + V"	原地克隆所选择的物体
"W"	移动模式
"Shift + W"	隐藏/显示空间扭曲（Space Warps）物体
"Ctrl + W"	根据框选进行放大
"Alt + W"	最大化当前视图（开关）

"X"	显示/隐藏物体的坐标（gizmo）
"Ctrl + X"	专业模式（最大化视图）
"Alt + X"	半透明显示所选择的物体
"Y"	显示/隐藏工具条
"Shift + Y"	重做对当前视图的操作（平移、缩放、旋转）
"Ctrl + Y"	重做场景（物体）的操作
"Z"	放大各个视图中选择的物体
"Shift + Z"	还原对当前视图的操作（平移、缩放、旋转）
"Ctrl + Z"	还原对场景（物体）的操作
"Alt + Z"	对视图的拖放模式（放大镜）
"Shift + Ctrl + Z"	放大各个视图中所有的物体
"Alt + Ctrl + Z"	放大当前视图中所有的物体（最大化显示所有物体）